海洋科技出版工程

计算海洋工程水波动力学

戴愚志　潘志远　编著

内容简介

本书给出了海洋工程水波动力学势流理论框架和数值实现技术。本书的第一部分从大幅运动的浮体运动学和动力学理论出发，给出完整的海洋结构物在波浪中运动的一阶和二阶时域和频域的理论描述，包括边界条件和运动方程；本书的第二部分为海洋工程水波动力学势流理论中的数值计算技术，给出了有限水深波数的计算方法，描述了二阶频域散射势积分方程中自由面积分的计算方法，给出了浮体几何对称性在一阶和二阶频域速度势计算中的应用等内容。

本书适用于对船舶与海洋工程水波动力学和应用数学感兴趣的读者。

图书在版编目(CIP)数据

计算海洋工程水波动力学/戴愚志，潘志远编著. —哈尔滨：哈尔滨工程大学出版社，2019. 8

ISBN 978 - 7 - 5661 - 2445 - 6

Ⅰ. ①计… Ⅱ. ①戴… ②潘… Ⅲ. ①水波 - 波动力学 Ⅳ. ①TV139. 2

中国版本图书馆 CIP 数据核字(2019)第 188748 号

选题策划 唐欢欢
责任编辑 唐欢欢 雷 霞
封面设计 博鑫设计

出版发行 哈尔滨工程大学出版社
社 址 哈尔滨市南岗区南通大街 145 号
邮政编码 150001
发行电话 0451 - 82519328
传 真 0451 - 82519699
经 销 新华书店
印 刷 哈尔滨市石桥印务有限公司
开 本 787 mm × 1 092 mm 1/16
印 张 6. 5
字 数 169 千字
版 次 2019 年 8 月第 1 版
印 次 2019 年 8 月第 1 次印刷
定 价 70. 00 元
http://press. hrbeu. edu. cn
E-mail：heupress@ hrbeu. edu. cn

前　言

本书给出了海洋工程水波动力学势流理论框架和数值实现技术。

本书第一部分从大幅运动的浮体运动学和动力学理论出发，给出完整的海洋结构物在波浪中运动的一阶和二阶时域和频域分析方法的理论描述，包括边界条件和运动方程。

使用多尺度展开法，Triantafyllou 将海洋结构物在波浪中的大幅低频慢漂运动、波频运动分开求解，以解决海洋结构物在波浪中的系泊和定位问题。Malenica Š 和陈小波使用多尺度展开法，用零航速频域格林函数表示低航速频域格林函数，避免了直接展开法引起的长期项问题，对三维低航速运动进行了求解，这一方法可以用于波漂阻尼的计算。

本书第二部分为海洋工程水波动力学势流理论中的数值计算技术，给出了有限水深波数的计算方法，描述了二阶频域散射势积分方程中自由面积分的计算方法，给出了浮体几何对称性在一阶和二阶频域速度势计算中的应用；接着对平面四边形面元分布面源和分布偶极的诱导速度计算进行了详细描述；对三维频域零航速无限水深和有限水深格林函数的行为进行了分析，给出了远场行为的表达式；给出了有限水深镜像源格林函数的计算公式；对三维无限水深和有限水深时域格林函数及其导数的几种代表性计算方法进行了描述，给出了具体的计算方案；应用多尺度展开法，推导了三维低航速频域格林函数，给出了 Cummins 方程的解算方法；最后对 GMRES 方法和积分方程的快速算法——PFFT 方法进行了描述。

本书作者在学习船舶与海洋工程水波动力学之初，就盼望有一本详尽地描述船舶与海洋工程水波动力学理论框架和数值实现方法的书籍。但在写作过程中发现，与海洋工程水波动力学相比，船舶水波动力学理论更为复杂，需要另写一本书方可，本书的完成部分地实现了作者的愿望。

本书第 2.5 节由潘志远编撰，其余由戴愚志编撰，全书由戴愚志统稿。

一国文化之繁荣，乃一辈辈人精进努力及尽心传承而来。兴我中华之文化乃吾辈不可推卸之责任。望本书对有兴趣于水波动力学和应用数学的朋友有所帮助。

第一作者于 1985—1989 年在内蒙古大学数学系学习期间，得到了老师和同学们无私的关爱和支持，作者心怀感激，愿师生之情愈浓，友谊之树常青。

编著者

2018 年 12 月

目　录

第1章　海洋工程水波动力学势流理论框架

本章首先给出大幅运动的浮体在波浪中的运动方程和边界条件的严格理论描述。在此基础上,使用摄动展开法导出了微幅运动的浮体需要满足的时域和频域的一阶和二阶边界条件及运动方程,这适用于浮体的平衡位置不变,浮体受波浪的激励围绕着平衡位置做振荡运动的情况。接着使用多尺度展开法推导了在波浪中进行大幅慢漂运动的浮体需满足的边界条件和运动方程。最后介绍了低航速浮体的运动和受力分析方法。

1.1　大幅运动的浮体动力学方程和流场边界条件

浮体在进行大幅自由运动时,其转动角速度不仅与角位移的时间导数有关,还与角位移有关,它在空间固定坐标系中的表达式与在随体坐标系中的表达式存在着转换关系。质心速度与加速度的表达式与定轴转动的情况也大不相同。

惯性矩在随体坐标系中是不变的,在空间固定坐标系中是变化的,必须在随体坐标系中求解浮体的旋转运动。

在浮体的瞬态动力学分析中,浮体和自由面的交线随时间变化,这导致了拉格朗日方程中的速度势对时间的导数$\dfrac{\partial \Phi}{\partial t}$计算的困难。吴国雄给出了$\dfrac{\partial \Phi}{\partial t}$满足的边界条件,通过边值问题的求解就可解决这一难题。

1.1.1　浮体在波浪中的运动描述

我们用两个坐标系描述浮体在波浪中的运动。第一个坐标系是空间固定坐标系$\hat{O}\hat{x}\hat{y}\hat{z}$,$\hat{O}\hat{x}\hat{y}$平面位于静水面上,$\hat{z}$轴垂直向上。第二个坐标系是随体坐标系 $Oxyz$,随物体一起平移和旋转。当浮体静止时,$\hat{O}\hat{x}\hat{y}\hat{z}$坐标系与 $Oxyz$ 坐标系重合。$\hat{O}\hat{x}\hat{y}\hat{z}$坐标系是惯性系,$Oxyz$ 坐标系是非惯性系。

$\boldsymbol{\xi}=(\xi_1,\xi_2,\xi_3)^{\mathrm{T}}$ 表示浮体在波浪中的平动位移,是 O 点关于 $\hat{O}$ 的位移。$\boldsymbol{\alpha}=(\alpha_1,\alpha_2,\alpha_3)^{\mathrm{T}}$ 表示浮体在波浪中的旋转位移,旋转的次序为横摇、纵摇和艏摇。为考虑旋转位移的影响,假设一个中间坐标系 $O\bar{x}\bar{y}\bar{z}$,$O\bar{x}\bar{y}\bar{z}$与$\hat{O}\hat{x}\hat{y}\hat{z}$平行,按图1.1.1由左到右的次序,相应的变换矩阵为

$$\begin{bmatrix}\bar{x}\\ \bar{y}\\ \bar{z}\end{bmatrix}=\begin{bmatrix}1 & 0 & 0\\ 0 & \cos\alpha_1 & -\sin\alpha_1\\ 0 & \sin\alpha_1 & \cos\alpha_1\end{bmatrix}\begin{bmatrix}\bar{x}\\ y_1\\ z_1\end{bmatrix}=\boldsymbol{L}\begin{bmatrix}\bar{x}\\ y_1\\ z_1\end{bmatrix}\tag{1.1.1a}$$

$$\begin{bmatrix}\bar{x}\\ y_1\\ z_1\end{bmatrix}=\begin{bmatrix}\cos\alpha_2 & 0 & \sin\alpha_2\\ 0 & 1 & 0\\ -\sin\alpha_2 & 0 & \cos\alpha_2\end{bmatrix}\begin{bmatrix}x_1\\ y_1\\ z\end{bmatrix}=\boldsymbol{M}\begin{bmatrix}x_1\\ y_1\\ z\end{bmatrix}\tag{1.1.1b}$$

$$\begin{bmatrix}x_1\\ y_1\\ z\end{bmatrix}=\begin{bmatrix}\cos\alpha_3 & -\sin\alpha_3 & 0\\ \sin\alpha_3 & \cos\alpha_3 & 0\\ 0 & 0 & 1\end{bmatrix}\begin{bmatrix}x\\ y\\ z\end{bmatrix}=\boldsymbol{N}\begin{bmatrix}x\\ y\\ z\end{bmatrix}\tag{1.1.1c}$$

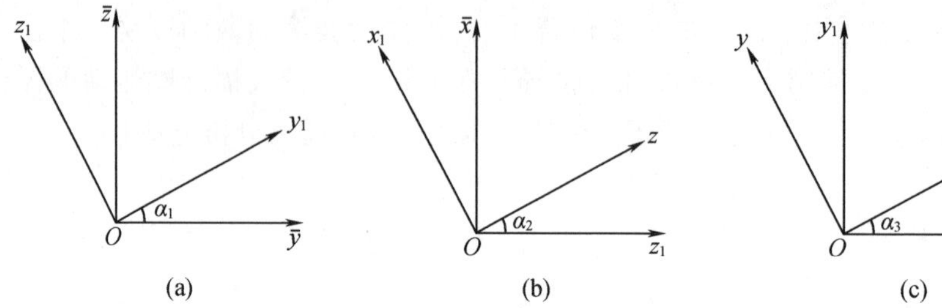

图 1.1.1　坐标变换

(a)横摇;(b)纵摇;(c)艏摇

把式(1.1.1)中的三个变换式相乘,即

$$\begin{bmatrix}\bar{x}\\ \bar{y}\\ \bar{z}\end{bmatrix}=\boldsymbol{D}\begin{bmatrix}x\\ y\\ z\end{bmatrix}\tag{1.1.2}$$

这里 $\boldsymbol{D}$ 是正交变换矩阵,有

$$\boldsymbol{D}=\boldsymbol{LMN}=\begin{bmatrix}\cos\alpha_3\cos\alpha_2 & -\sin\alpha_3\cos\alpha_2 & \sin\alpha_2\\ \sin\alpha_3\cos\alpha_1+\cos\alpha_3\sin\alpha_2\sin\alpha_1 & \cos\alpha_3\cos\alpha_1-\sin\alpha_3\sin\alpha_2\sin\alpha_1 & -\cos\alpha_2\sin\alpha_1\\ \sin\alpha_3\sin\alpha_1-\cos\alpha_3\sin\alpha_2\cos\alpha_1 & \cos\alpha_3\sin\alpha_1+\sin\alpha_3\sin\alpha_2\cos\alpha_1 & \cos\alpha_2\cos\alpha_1\end{bmatrix}\tag{1.1.3}$$

变换矩阵 $\boldsymbol{D}$ 的性质见附录 A。

角速度在空间固定坐标系 $\hat{O}\hat{x}\hat{y}\hat{z}$ 中的表示为

$$\hat{\boldsymbol{\omega}}=\begin{bmatrix}\dot{\alpha}_1\\ 0\\ 0\end{bmatrix}+\boldsymbol{L}\begin{bmatrix}0\\ \dot{\alpha}_2\\ 0\end{bmatrix}+\boldsymbol{LM}\begin{bmatrix}0\\ 0\\ \dot{\alpha}_3\end{bmatrix}=\begin{bmatrix}\dot{\alpha}_1+\dot{\alpha}_3\sin\alpha_2\\ \dot{\alpha}_2\cos\alpha_1-\dot{\alpha}_3\sin\alpha_1\cos\alpha_2\\ \dot{\alpha}_2\sin\alpha_1+\dot{\alpha}_3\cos\alpha_1\cos\alpha_2\end{bmatrix}\tag{1.1.4}$$

其中,$\dot{\alpha}_1$ 表示 α_1 对时间 t 的导数,其余相同。角速度在随体坐标系 $Oxyz$ 中的表示为

$$\boldsymbol{\omega}=\boldsymbol{N}^{\mathrm{T}}\boldsymbol{M}^{\mathrm{T}}\begin{bmatrix}\dot{\alpha}_1\\ 0\\ 0\end{bmatrix}+\boldsymbol{N}^{\mathrm{T}}\begin{bmatrix}0\\ \dot{\alpha}_2\\ 0\end{bmatrix}+\begin{bmatrix}0\\ 0\\ \dot{\alpha}_3\end{bmatrix}=\begin{bmatrix}\dot{\alpha}_1\cos\alpha_2\cos\alpha_3+\dot{\alpha}_2\sin\alpha_3\\ -\dot{\alpha}_1\cos\alpha_2\sin\alpha_3+\dot{\alpha}_2\cos\alpha_3\\ \dot{\alpha}_1\sin\alpha_2+\dot{\alpha}_3\end{bmatrix}\tag{1.1.5}$$

用 $\hat{\boldsymbol{X}}_G=(\hat{x}_G,\hat{y}_G,\hat{z}_G)^{\mathrm{T}}$ 和 $\boldsymbol{X}_G=(x_G,y_G,z_G)^{\mathrm{T}}$ 表示质心 G 在 $\hat{O}\hat{x}\hat{y}\hat{z}$ 和 $Oxyz$ 坐标系中的位置

向量,它们满足

$$\hat{\boldsymbol{X}}_G = \boldsymbol{\xi} + \boldsymbol{D}\boldsymbol{X}_G \tag{1.1.6}$$

$\hat{O}\hat{x}\hat{y}\hat{z}$坐标系中,质心的速度和加速度为

$$\dot{\hat{\boldsymbol{X}}}_G = \dot{\boldsymbol{\xi}} + \hat{\boldsymbol{\omega}} \times (\hat{\boldsymbol{X}}_G - \boldsymbol{\xi}) \tag{1.1.7}$$

$$\ddot{\hat{\boldsymbol{X}}}_G = \ddot{\boldsymbol{\xi}} + \dot{\hat{\boldsymbol{\omega}}} \times (\hat{\boldsymbol{X}}_G - \boldsymbol{\xi}) + \hat{\boldsymbol{\omega}} \times [\hat{\boldsymbol{\omega}} \times (\hat{\boldsymbol{X}}_G - \boldsymbol{\xi})] \tag{1.1.8}$$

用 $\hat{\boldsymbol{n}}$ 和 $\boldsymbol{n}$ 表示$\hat{O}\hat{x}\hat{y}\hat{z}$坐标系和 $Oxyz$ 坐标系中物面单位法线方向矢量,指向浮体内部,有

$$\hat{\boldsymbol{n}} = \boldsymbol{D}\boldsymbol{n} \tag{1.1.9}$$

可以认为 $\hat{\boldsymbol{n}}$ 和 $\boldsymbol{n}$ 是一个矢量,在 $Oxyz$ 坐标系中物面单位法线方向矢量 $\boldsymbol{n}$ 通过式(1.1.9)转换为在$\hat{O}\hat{x}\hat{y}\hat{z}$坐标系中物面单位法线方向矢量 $\hat{\boldsymbol{n}}$;也可以认为 $\hat{\boldsymbol{n}}$ 和 $\boldsymbol{n}$ 是两个矢量,随时间变化的矢量 $\hat{\boldsymbol{n}}$ 由浮体静止时的常矢量 $\boldsymbol{n}$ 表示。

1.1.2 动量矩的时间导数

$\hat{\boldsymbol{H}}_G$ 和 $\boldsymbol{H}_G$ 分别表示$\hat{O}\hat{x}\hat{y}\hat{z}$和 $Oxyz$ 坐标系中的动量矩,有

$$\hat{\boldsymbol{H}}_G = \hat{\boldsymbol{I}}_G \hat{\boldsymbol{\omega}}, \quad \boldsymbol{H}_G = \boldsymbol{I}_G \boldsymbol{\omega} \tag{1.1.10}$$

其中,$\hat{\boldsymbol{I}}_G$ 是$\hat{O}\hat{x}\hat{y}\hat{z}$坐标系中关于质心 G 的惯性矩矩阵,$\boldsymbol{I}_G$ 是 $Oxyz$ 坐标系中关于质心 G 的惯性矩矩阵。

$\boldsymbol{I}_G$ 是 3×3 的矩阵,有

$$\boldsymbol{I}_G = \begin{bmatrix} I_{G_{11}} & I_{G_{12}} & I_{G_{13}} \\ I_{G_{21}} & I_{G_{22}} & I_{G_{23}} \\ I_{G_{31}} & I_{G_{32}} & I_{G_{33}} \end{bmatrix} \tag{1.1.11}$$

式中

$$I_{G_{ij}} = \iiint_V \mu\{[(x - x_G)^2 + (y - y_G)^2 + (z - z_G)^2]\delta_{ij} - (x_i - x_{G_i})(x_j - x_{G_j})\}\mathrm{d}V) \tag{1.1.12}$$

其中,$x_1 = x, x_2 = y, x_3 = z, x_{G_1} = x_G, x_{G_2} = y_G, x_{G_3} = z_G$,$\mu$ 是浮体的质量密度。$\hat{\boldsymbol{I}}_G$ 随时间变化,$\boldsymbol{I}_G$ 与时间无关。

$\hat{\boldsymbol{H}}_G$ 和 $\boldsymbol{H}_G$ 满足下面的关系式:

$$\hat{\boldsymbol{H}}_G = \boldsymbol{D}\boldsymbol{H}_G \tag{1.1.13}$$

$\hat{\boldsymbol{H}}_G$ 和 $\boldsymbol{H}_G$ 的时间导数有下面的关系:

$$\dot{\hat{\boldsymbol{H}}}_G = \boldsymbol{D}\dot{\boldsymbol{H}}_G + \hat{\boldsymbol{\omega}} \times \hat{\boldsymbol{H}}_G = \boldsymbol{D}\dot{\boldsymbol{H}}_G + \boldsymbol{D}(\boldsymbol{\omega} \times \boldsymbol{H}_G) \tag{1.1.14}$$

1.1.3 浮体动力学方程

浮体在波浪中的动力学方程为

$$m\left\{\ddot{\boldsymbol{\xi}}+\frac{\mathrm{d}\hat{\boldsymbol{\omega}}}{\mathrm{d}t}\times(\hat{\boldsymbol{X}}_G-\boldsymbol{\xi})+\hat{\boldsymbol{\omega}}\times[\hat{\boldsymbol{\omega}}\times(\hat{\boldsymbol{X}}_G-\boldsymbol{\xi})]\right\}=\hat{\boldsymbol{F}} \tag{1.1.15}$$

其中,m 是浮体的质量,$\hat{\boldsymbol{F}}$ 是作用在浮体上的外力。

$$\boldsymbol{I}_G\dot{\boldsymbol{\omega}}+\boldsymbol{\omega}\times\boldsymbol{I}_G\boldsymbol{\omega}=\boldsymbol{D}^{\mathrm{T}}\hat{\boldsymbol{M}}_G \tag{1.1.16}$$

其中,$\hat{\boldsymbol{M}}_G$ 是浮体在$\hat{O}\hat{x}\hat{y}\hat{z}$坐标系中关于质心 G 的力矩。

如果对关于 $Oxyz$ 坐标系的原点 O 的运动感兴趣,可以使用下面的关系:

$$\boldsymbol{I}_G\boldsymbol{\omega}=\boldsymbol{I}\boldsymbol{\omega}-m\,\boldsymbol{X}_G\times(\boldsymbol{\omega}\times\boldsymbol{X}_G) \tag{1.1.17}$$

$$\hat{\boldsymbol{M}}_G=\hat{\boldsymbol{M}}_{\hat{0}}-\hat{\boldsymbol{X}}_G\times\hat{\boldsymbol{F}} \tag{1.1.18}$$

$\hat{\boldsymbol{M}}_{\hat{0}}$是浮体在$\hat{O}\hat{x}\hat{y}\hat{z}$系中关于原点$\hat{O}$的力矩,$\boldsymbol{I}=[I_{ij}]$是浮体在 $Oxyz$ 坐标系中关于原点 O 的惯性矩矩阵,有

$$I_{ij}=\iiint_V\mu[(x^2+y^2+z^2)\delta_{ij}-x_ix_j]\mathrm{d}V \tag{1.1.19}$$

1.1.4 流场边界条件

假定流体为理想流体,自由面方程为$\hat{z}=\eta(\hat{x},\hat{y},t)$,运动学边界条件为

$$\frac{\partial\eta}{\partial t}+\frac{\partial\Phi}{\partial\hat{x}}\frac{\partial\eta}{\partial\hat{x}}+\frac{\partial\Phi}{\partial\hat{y}}\frac{\partial\eta}{\partial\hat{y}}-\frac{\partial\Phi}{\partial\hat{z}}=0 \tag{1.1.20}$$

自由面的动力学边界条件为

$$g\eta+\frac{1}{2}\nabla\Phi\cdot\nabla\Phi+\frac{\partial\Phi}{\partial t}=0 \tag{1.1.21}$$

浮体的瞬时湿表面为 $\hat{S}_{\mathrm{B}}$,物面边界条件为

$$\nabla\Phi(\hat{\boldsymbol{X}})\cdot\hat{\boldsymbol{n}}=[\dot{\boldsymbol{\xi}}+\hat{\boldsymbol{\omega}}\times(\hat{\boldsymbol{X}}-\boldsymbol{\xi})]\cdot\hat{\boldsymbol{n}}\quad(\hat{\boldsymbol{X}}\in\hat{S}_{\mathrm{B}}) \tag{1.1.22}$$

在浮体的大幅运动中,物面的速度势时间导数获取是个难题,可以将其视为边值问题求解。将式(1.1.22)左侧对时间求导,得到

$$\frac{\mathrm{d}}{\mathrm{d}t}\left(\frac{\partial\Phi}{\partial\hat{\boldsymbol{n}}}\right)=\frac{\mathrm{d}}{\mathrm{d}t}(\nabla\Phi\cdot\hat{\boldsymbol{n}})=\frac{\mathrm{d}}{\mathrm{d}t}(\nabla\Phi)\cdot\hat{\boldsymbol{n}}+\nabla\Phi\cdot\frac{\mathrm{d}\hat{\boldsymbol{n}}}{\mathrm{d}t} \tag{1.1.23}$$

由于

$$\frac{\mathrm{d}\hat{\boldsymbol{n}}}{\mathrm{d}t}=\hat{\boldsymbol{\omega}}\times\hat{\boldsymbol{n}} \tag{1.1.24}$$

$$\frac{\mathrm{d}}{\mathrm{d}t}(\nabla\Phi)=\nabla\frac{\partial\Phi}{\partial t}+\{[\dot{\boldsymbol{\xi}}+\hat{\boldsymbol{\omega}}\times(\hat{\boldsymbol{X}}-\boldsymbol{\xi})]\cdot\nabla\}\nabla\Phi \tag{1.1.25}$$

可以得到

$$\begin{aligned}\frac{\mathrm{d}}{\mathrm{d}t}\left(\frac{\partial\Phi}{\partial\hat{\boldsymbol{n}}}\right)&=\nabla\frac{\partial\Phi}{\partial t}\cdot\hat{\boldsymbol{n}}+(\{[\dot{\boldsymbol{\xi}}+\hat{\boldsymbol{\omega}}\times(\hat{\boldsymbol{X}}-\boldsymbol{\xi})]\cdot\nabla\}\nabla\Phi)\cdot\hat{\boldsymbol{n}}+\nabla\Phi\cdot(\hat{\boldsymbol{\omega}}\times\hat{\boldsymbol{n}})\\&=\frac{\partial}{\partial\hat{\boldsymbol{n}}}\left(\frac{\partial\Phi}{\partial t}\right)+\left\{[\dot{\boldsymbol{\xi}}+\hat{\boldsymbol{\omega}}\times(\hat{\boldsymbol{X}}-\boldsymbol{\xi})]\cdot\frac{\partial\nabla\Phi}{\partial\hat{\boldsymbol{n}}}+\nabla\Phi\cdot(\hat{\boldsymbol{\omega}}\times\hat{\boldsymbol{n}})\right\}\\&=\frac{\partial}{\partial\hat{\boldsymbol{n}}}\left(\frac{\partial\Phi}{\partial t}\right)+\dot{\boldsymbol{\xi}}\cdot\frac{\partial\nabla\Phi}{\partial\hat{\boldsymbol{n}}}+\hat{\boldsymbol{\omega}}\cdot\frac{\partial}{\partial\hat{\boldsymbol{n}}}[(\hat{\boldsymbol{X}}-\boldsymbol{\xi})\times\nabla\Phi]\end{aligned} \tag{1.1.26}$$

将式(1.1.22)右侧对时间求导,得到

$$\frac{\mathrm{d}}{\mathrm{d}t}\{[\dot{\boldsymbol{\xi}}+\hat{\boldsymbol{\omega}}\times(\hat{\boldsymbol{X}}-\boldsymbol{\xi})]\cdot\hat{\boldsymbol{n}}\}$$

$$=\{\ddot{\boldsymbol{\xi}}+\dot{\hat{\boldsymbol{\omega}}}\times(\hat{\boldsymbol{X}}-\boldsymbol{\xi})+\hat{\boldsymbol{\omega}}\times[\hat{\boldsymbol{\omega}}\times(\hat{\boldsymbol{X}}-\boldsymbol{\xi})]\}\cdot\hat{\boldsymbol{n}}+[\dot{\boldsymbol{\xi}}+\hat{\boldsymbol{\omega}}\times(\hat{\boldsymbol{X}}-\boldsymbol{\xi})]\cdot(\hat{\boldsymbol{\omega}}\times\hat{\boldsymbol{n}})$$

$$=[\ddot{\boldsymbol{\xi}}+\dot{\hat{\boldsymbol{\omega}}}\times(\hat{\boldsymbol{X}}-\boldsymbol{\xi})]\cdot\hat{\boldsymbol{n}}+\hat{\boldsymbol{\omega}}\cdot(\hat{\boldsymbol{n}}\times\dot{\boldsymbol{\xi}}) \tag{1.1.27}$$

联合式(1.1.26)和式(1.1.27),得到

$$\frac{\partial}{\partial n}\left(\frac{\partial \Phi}{\partial t}\right)=[\ddot{\boldsymbol{\xi}}+\dot{\hat{\boldsymbol{\omega}}}\times(\hat{\boldsymbol{X}}-\boldsymbol{\xi})]\cdot\hat{\boldsymbol{n}}-\dot{\boldsymbol{\xi}}\cdot\frac{\partial\nabla\Phi}{\partial\hat{\boldsymbol{n}}}+\hat{\boldsymbol{\omega}}\cdot\frac{\partial}{\partial\hat{\boldsymbol{n}}}[(\hat{\boldsymbol{X}}-\boldsymbol{\xi})\times(\dot{\boldsymbol{\xi}}-\nabla\Phi)]\quad(\hat{\boldsymbol{X}}\in\hat{S}_{\mathrm{B}}) \tag{1.1.28}$$

1.2　时域一阶和二阶运动理论

在上一节里,浮体和自由面的边界条件需要在它们的瞬时位置上满足,而浮体和自由面的瞬时位置和形状都是未知的,需要进行时域步进求解。

当浮体进行微幅振荡运动时,可以用摄动展开的方法,利用泰勒(Taylor)展开,使浮体的边界条件在平均湿表面上满足,自由面条件在静水面上满足,从而得到浮体的一阶和二阶时域解的边界条件和运动方程,大大降低求解的难度。

1.2.1　物面和自由面条件

在1.2节和1.3节中延用1.1节的坐标系定义和符号。

假设浮体进行微幅运动,保留到二阶,流场速度势和浮体位移可展成 ε 的幂级数,即

$$\Phi(\hat{\boldsymbol{X}})=\varepsilon\Phi^{(1)}(\hat{\boldsymbol{X}})+\varepsilon^2\Phi^{(2)}(\hat{\boldsymbol{X}})+O(\varepsilon^3) \tag{1.2.1}$$

$$\boldsymbol{\xi}=\varepsilon\boldsymbol{\xi}^{(1)}+\varepsilon^2\boldsymbol{\xi}^{(2)}+O(\varepsilon^3) \tag{1.2.2}$$

$$\boldsymbol{\alpha}=\varepsilon\boldsymbol{\alpha}^{(1)}+\varepsilon^2\boldsymbol{\alpha}^{(2)}+O(\varepsilon^3) \tag{1.2.3}$$

上式中的 ε 为一小参数,表征微幅波或微幅运动的量级。这里

$$\boldsymbol{\xi}^{(1)}=\begin{bmatrix}\xi_1^{(1)}\\ \xi_2^{(1)}\\ \xi_3^{(1)}\end{bmatrix}\qquad \boldsymbol{\xi}^{(2)}=\begin{bmatrix}\xi_1^{(2)}\\ \xi_2^{(2)}\\ \xi_3^{(2)}\end{bmatrix} \tag{1.2.4}$$

$$\boldsymbol{\alpha}^{(1)}=\begin{bmatrix}\alpha_1^{(1)}\\ \alpha_2^{(1)}\\ \alpha_3^{(1)}\end{bmatrix}\qquad \boldsymbol{\alpha}^{(2)}=\begin{bmatrix}\alpha_1^{(2)}\\ \alpha_2^{(2)}\\ \alpha_3^{(2)}\end{bmatrix} \tag{1.2.5}$$

使用上述展开,有

$$\hat{\boldsymbol{X}}=\boldsymbol{X}+\boldsymbol{\xi}^{(1)}+\boldsymbol{\alpha}^{(1)}\times\boldsymbol{X}+\boldsymbol{H}\boldsymbol{X}+\boldsymbol{\xi}^{(2)}+\boldsymbol{\alpha}^{(2)}\times\boldsymbol{X}+O(\varepsilon^3) \tag{1.2.6}$$

$$\hat{\boldsymbol{n}}=\boldsymbol{n}+\boldsymbol{\alpha}^{(1)}\times\boldsymbol{n}+\boldsymbol{H}\boldsymbol{n}+\boldsymbol{\alpha}^{(2)}\times\boldsymbol{n}+O(\varepsilon^3) \tag{1.2.7}$$

$\boldsymbol{H}$ 是描述二阶旋转效应的矩阵,有

$$\boldsymbol{H}=\frac{1}{2}\begin{bmatrix} -[(\alpha_2^{(1)})^2+(\alpha_3^{(1)})^2] & 0 & 0 \\ 2\alpha_1^{(1)}\alpha_2^{(1)} & -[(\alpha_1^{(1)})^2+(\alpha_3^{(1)})^2] & 0 \\ 2\alpha_1^{(1)}\alpha_3^{(1)} & 2\alpha_2^{(1)}\alpha_3^{(1)} & -[(\alpha_1^{(1)})^2+(\alpha_2^{(1)})^2] \end{bmatrix} \tag{1.2.8}$$

式(1.2.6)和式(1.2.7)的矢量积为

$$\hat{\boldsymbol{X}}\times\hat{\boldsymbol{n}}=\boldsymbol{X}\times\boldsymbol{n}+\boldsymbol{\xi}^{(1)}\times\boldsymbol{n}+\boldsymbol{\alpha}^{(1)}\times(\boldsymbol{X}\times\boldsymbol{n})+\boldsymbol{\xi}^{(1)}\times(\boldsymbol{\alpha}^{(1)}\times\boldsymbol{n})+\boldsymbol{H}(\boldsymbol{X}\times\boldsymbol{n})+\boldsymbol{\xi}^{(2)}\times\boldsymbol{n}+\boldsymbol{\alpha}^{(2)}\times(\boldsymbol{X}\times\boldsymbol{n})+O(\varepsilon^3) \tag{1.2.9}$$

使用泰勒展开,瞬时湿表面上的速度势梯度($\hat{\boldsymbol{X}}\in\hat{S}_{\mathrm{B}}$)用平均湿表面上的速度势梯度($\boldsymbol{X}\in S_{\mathrm{B}}$)表示为

$$\nabla\Phi(\hat{\boldsymbol{X}})=\nabla\Phi^{(1)}(\boldsymbol{X})+\nabla\Phi^{(2)}(\boldsymbol{X})+[(\boldsymbol{\xi}^{(1)}+\boldsymbol{\alpha}^{(1)}\times\boldsymbol{X})\cdot\nabla]\nabla\Phi^{(1)}(\boldsymbol{X})+O(\varepsilon^3) \tag{1.2.10}$$

流体的法向速度为

$$\hat{\boldsymbol{n}}\cdot\nabla\Phi(\hat{\boldsymbol{X}})=\boldsymbol{n}\cdot\nabla\Phi^{(1)}(\boldsymbol{X})+\boldsymbol{n}\cdot\nabla\Phi^{(2)}(\boldsymbol{X})+\boldsymbol{n}\cdot[(\boldsymbol{\xi}^{(1)}+\boldsymbol{\alpha}^{(1)}\times\boldsymbol{X})\cdot\nabla]\nabla\Phi^{(1)}(\boldsymbol{X})+(\boldsymbol{\alpha}^{(1)}\times\boldsymbol{n})\cdot\nabla\Phi^{(1)}(\boldsymbol{X})+O(\varepsilon^3) \tag{1.2.11}$$

浮体的法向速度为

$$\hat{\boldsymbol{n}}\cdot\frac{\mathrm{d}\hat{\boldsymbol{X}}}{\mathrm{d}t}=\boldsymbol{n}\cdot(\dot{\boldsymbol{\xi}}^{(1)}+\dot{\boldsymbol{\alpha}}^{(1)}\times\boldsymbol{X})+\boldsymbol{n}\cdot\dot{\boldsymbol{H}}\boldsymbol{X}+\boldsymbol{n}\cdot(\dot{\boldsymbol{\xi}}^{(2)}+\dot{\boldsymbol{\alpha}}^{(2)}\times\boldsymbol{X})+(\boldsymbol{\alpha}^{(1)}\times\boldsymbol{n})\cdot(\dot{\boldsymbol{\xi}}^{(1)}+\dot{\boldsymbol{\alpha}}^{(1)}\times\boldsymbol{X})+O(\varepsilon^3) \tag{1.2.12}$$

由此得到一阶速度势和二阶速度式需满足的物面条件

$$\boldsymbol{n}\cdot\nabla\Phi^{(1)}(\boldsymbol{X})=\boldsymbol{n}\cdot(\dot{\boldsymbol{\xi}}^{(1)}+\dot{\boldsymbol{\alpha}}^{(1)}\times\boldsymbol{X})\quad(\boldsymbol{X}\in S_{\mathrm{B}}) \tag{1.2.13}$$

$$\boldsymbol{n}\cdot\nabla\Phi^{(2)}(\boldsymbol{X})=\boldsymbol{n}\cdot\{(\dot{\boldsymbol{\xi}}^{(2)}+\dot{\boldsymbol{\alpha}}^{(2)}\times\boldsymbol{X})+\dot{\boldsymbol{H}}\boldsymbol{X}-[(\boldsymbol{\xi}^{(1)}+\boldsymbol{\alpha}^{(1)}\times\boldsymbol{X})\cdot\nabla]\nabla\Phi^{(1)}(\boldsymbol{X})\}+(\boldsymbol{\alpha}^{(1)}\times\boldsymbol{n})\cdot[\dot{\boldsymbol{\xi}}^{(1)}+\dot{\boldsymbol{\alpha}}^{(1)}\times\boldsymbol{X}-\nabla\Phi^{(1)}(\boldsymbol{X})]\quad(\boldsymbol{X}\in S_{\mathrm{B}}) \tag{1.2.14}$$

一阶速度势和二阶速度式需满足的自由面条件为

$$\frac{\partial^2\Phi^{(1)}(\boldsymbol{X})}{\partial t^2}+g\frac{\partial\Phi^{(1)}(\boldsymbol{X})}{\partial z}=0\quad(z=0) \tag{1.2.15}$$

$$\frac{\partial^2\Phi^{(2)}(\boldsymbol{X})}{\partial t^2}+g\frac{\partial\Phi^{(2)}(\boldsymbol{X})}{\partial z}=\frac{1}{g}\cdot\frac{\partial\Phi^{(1)}(\boldsymbol{X})}{\partial t}\cdot\frac{\partial}{\partial z}\left[\frac{\partial^2\Phi^{(1)}(\boldsymbol{X})}{\partial t^2}+g\frac{\partial\Phi^{(1)}(\boldsymbol{X})}{\partial z}\right]-2\nabla\Phi^{(1)}(\boldsymbol{X})\cdot\nabla\frac{\partial\Phi^{(1)}(\boldsymbol{X})}{\partial t}\quad(z=0) \tag{1.2.16}$$

一阶波高 $\boldsymbol{\eta}^{(1)}(\boldsymbol{X})$ 和二阶波高 $\boldsymbol{\eta}^{(2)}(\boldsymbol{X})$ 为

$$\boldsymbol{\eta}^{(1)}(\boldsymbol{X})=-\frac{1}{g}\cdot\frac{\partial\Phi^{(1)}(\boldsymbol{X})}{\partial t}\quad(z=0) \tag{1.2.17}$$

$$\eta^{(2)}(\boldsymbol{X})=-\frac{1}{g}\left[\frac{\partial\Phi^{(2)}(\boldsymbol{X})}{\partial t}+\frac{1}{2}\nabla\Phi^{(1)}(\boldsymbol{X})\cdot\nabla\Phi^{(1)}(\boldsymbol{X})-\frac{1}{g}\cdot\frac{\partial\Phi^{(1)}(\boldsymbol{X})}{\partial t}\cdot\frac{\partial^2\Phi^{(1)}(\boldsymbol{X})}{\partial z\partial t}\right]\quad(z=0) \tag{1.2.18}$$

1.2.2 压力积分

由伯努利方程，瞬时湿表面上的压力为

$$P(\hat{\boldsymbol{X}}) = -\rho\left[\dot{\Phi}(\hat{\boldsymbol{X}}) + \frac{1}{2}\nabla\Phi(\hat{\boldsymbol{X}}) \cdot \nabla\Phi(\hat{\boldsymbol{X}}) + g\hat{z}\right] \tag{1.2.19}$$

在瞬时湿表面 $\hat{S}_B$ 进行积分，得到波浪力 $\boldsymbol{F}$ 和波浪力矩 $\boldsymbol{M}$

$$\boldsymbol{F} = \iint_{\hat{S}_B} P(\hat{\boldsymbol{X}})\hat{\boldsymbol{n}}\mathrm{d}S \tag{1.2.20}$$

$$\boldsymbol{M} = \iint_{\hat{S}_B} P(\hat{\boldsymbol{X}})(\hat{\boldsymbol{X}} \times \hat{\boldsymbol{n}})\mathrm{d}S \tag{1.2.21}$$

使用泰勒展开，将 $P(\hat{\boldsymbol{X}})$ 用浮体平均湿表面 S_B 上的压力 $P(\boldsymbol{X})$ 表示为

$$\begin{aligned} P(\hat{\boldsymbol{X}}) &= P(\boldsymbol{X}) + [\boldsymbol{\xi} + \boldsymbol{D}\boldsymbol{X} - \boldsymbol{X}] \cdot \nabla P(\boldsymbol{X}) + O(\varepsilon^3) \\ &= -\rho\{gz + [\dot{\Phi}^{(1)}(\boldsymbol{X}) + g(\xi_3^{(1)} + \alpha_1^{(1)}y - \alpha_2^{(1)}x)] + \\ &\quad \left[\frac{1}{2}\nabla\Phi^{(1)}(\boldsymbol{X}) \cdot \nabla\Phi^{(1)}(\boldsymbol{X}) + (\boldsymbol{\xi}^{(1)} + \boldsymbol{\alpha}^{(1)} \times \boldsymbol{X}) \cdot \nabla\dot{\Phi}^{(1)}(\boldsymbol{X}) + g\boldsymbol{H}\boldsymbol{X} \cdot \nabla z\right] + \\ &\quad [\dot{\Phi}^{(2)}(\boldsymbol{X}) + g(\xi_3^{(2)} + \alpha_1^{(2)}y - \alpha_2^{(2)}x)]\} + O(\varepsilon^3) \end{aligned} \tag{1.2.22}$$

将 $P(\hat{\boldsymbol{X}})$ 的表达式代入式(1.2.20)和式(1.2.21)后，可以得到静水力(矩)、一阶波浪力(矩)、二阶波浪力(矩)。

浮体的排水体积为 V，浮心坐标为 x_B、y_B 和 z_B，水线面面积为 A_{WP}，水线面漂心坐标为 (x_F, y_F)，水线为 WL，L_{ij} 为水线面的二次矩。

$$V = \iiint_{V_B} \mathrm{d}V \tag{1.2.23}$$

$$x_B = \frac{1}{V}\iiint_{V_B} x\mathrm{d}V,\ y_B = \frac{1}{V}\iiint_{V_B} y\mathrm{d}V,\ z_B = \frac{1}{V}\iiint_{V_B} z\mathrm{d}V \tag{1.2.24}$$

$$L_{ij} = \iint_{A_{WP}} x_i x_j \mathrm{d}S \tag{1.2.25}$$

其中，$x_1 = x, x_2 = y, x_3 = z$。静水力(矩)为

$$\boldsymbol{F}^{(0)} = -\rho g\iint_{S_B} z\boldsymbol{n}\mathrm{d}S = \rho gV\boldsymbol{k} \tag{1.2.26}$$

$$\boldsymbol{M}^{(0)} = -\rho g\iint_{S_B} z(\boldsymbol{X} \times \boldsymbol{n})\mathrm{d}S = \rho gV(y_B\boldsymbol{i} - x_B\boldsymbol{j}) \tag{1.2.27}$$

一阶波浪力(矩)为

$$\begin{aligned} \boldsymbol{F}^{(1)} &= -\rho\iint_{S_B} [\dot{\Phi}^{(1)}(\boldsymbol{X}) + g(\xi_3^{(1)} + \alpha_1^{(1)}y - \alpha_2^{(1)}x)]\boldsymbol{n}\mathrm{d}S - \rho g\iint_{S_B} (\boldsymbol{\alpha}^{(1)} \times \boldsymbol{n})z\mathrm{d}S \\ &= -\rho\iint_{S_B} \dot{\Phi}^{(1)}(\boldsymbol{X})\boldsymbol{n}\mathrm{d}S - \rho gA_{WP}(\xi_3^{(1)} + \alpha_1^{(1)}y_F - \alpha_2^{(1)}x_F)\boldsymbol{k} \end{aligned} \tag{1.2.28}$$

$$\begin{aligned} \boldsymbol{M}^{(1)} &= -\rho\iint_{S_B} [\dot{\Phi}^{(1)}(\boldsymbol{X}) + g(\xi_3^{(1)} + \alpha_1^{(1)}y - \alpha_2^{(1)}x)](\boldsymbol{X} \times \boldsymbol{n})\mathrm{d}S - \\ &\quad \rho g\iint_{S_B} [\boldsymbol{\xi}^{(1)} \times \boldsymbol{n} + \boldsymbol{\alpha}^{(1)} \times (\boldsymbol{X} \times \boldsymbol{n})]z\mathrm{d}S \\ &= -\rho\iint_{S_B} (\boldsymbol{X} \times \boldsymbol{n})\dot{\Phi}^{(1)}(\boldsymbol{X})\mathrm{d}S - \rho g[-V\xi_2^{(1)} + A_{WP}y_F\xi_3^{(1)} + (Vz_B + L_{22})\alpha_1^{(1)} - L_{12}\alpha_2^{(1)} - \\ &\quad Vx_B\alpha_3^{(1)}]\boldsymbol{i} - \rho g[V\xi_1^{(1)} - A_{WP}x_F\xi_3^{(1)} - L_{12}\alpha_1^{(1)} + (Vz_B + L_{11})\alpha_2^{(1)} - Vy_B\alpha_3^{(1)}]\boldsymbol{j} \end{aligned} \tag{1.2.29}$$

二阶波浪力(矩)为

$$
\begin{aligned}
\boldsymbol{F}^{(2)} = & -\rho g\iint_{S_B} z\boldsymbol{H}\boldsymbol{n}\mathrm{d}S - \rho g\iint_{S_B}(\boldsymbol{HX}\cdot\boldsymbol{k})\boldsymbol{n}\mathrm{d}S - \\
& \rho\iint_{S_B}(\boldsymbol{\alpha}^{(1)}\times\boldsymbol{n})[\dot{\boldsymbol{\Phi}}^{(1)}(\boldsymbol{X}) + g(\xi_3^{(1)} + \alpha_1^{(1)}y - \alpha_2^{(1)}x)]\mathrm{d}S - \\
& \rho g\iint_{S_B}[\frac{1}{2}\nabla\boldsymbol{\Phi}^{(1)}(\boldsymbol{X})\cdot\nabla\boldsymbol{\Phi}^{(1)}(\boldsymbol{X}) + (\boldsymbol{\xi}^{(1)} + \boldsymbol{\alpha}^{(1)}\times\boldsymbol{X})\cdot\nabla\dot{\boldsymbol{\Phi}}^{(1)}(\boldsymbol{X})]\boldsymbol{n}\mathrm{d}S + \\
& \frac{1}{2}\rho g\int_{WL}[\boldsymbol{\eta}^{(1)} - (\xi_3^{(1)} + \alpha_1^{(1)}y - \alpha_2^{(1)}x)]^2 n/\sqrt{1-n_3^2}\mathrm{d}l - \\
& \rho\iint_{S_B}\dot{\boldsymbol{\Phi}}^{(2)}(\boldsymbol{X})\boldsymbol{n}\mathrm{d}S - \rho g\iint_{S_B}(\xi_3^{(2)} + \alpha_1^{(2)}y - \alpha_2^{(1)}x)\boldsymbol{n}\mathrm{d}S - \rho g\iint_{S_B}(\boldsymbol{\alpha}^{(2)}\times\boldsymbol{n})z\mathrm{d}S \\
= & \boldsymbol{F}_p + \boldsymbol{F}_q - \rho g A_{WP}(\xi_3^{(2)} + \alpha_1^{(2)}y_F - \alpha_2^{(2)}x_F)\boldsymbol{k}
\end{aligned}
\tag{1.2.30}
$$

$$
\boldsymbol{F}_p = -\rho\iint_{S_B}\dot{\boldsymbol{\Phi}}^{(2)}(\boldsymbol{X})\boldsymbol{n}\mathrm{d}S \tag{1.2.31}
$$

$$
\begin{aligned}
\boldsymbol{F}_q = & \frac{1}{2}\rho g\int_{WL}[\boldsymbol{\eta}^{(1)} - (\xi_3^{(1)} + \alpha_1^{(1)}y - \alpha_2^{(1)}x)]^2\boldsymbol{n}/\sqrt{1-n_3^2}\mathrm{d}l - \\
& \rho\iint_{S_B}\left[\frac{1}{2}\nabla\boldsymbol{\Phi}^{(1)}(\boldsymbol{X})\cdot\nabla\boldsymbol{\Phi}^{(1)}(\boldsymbol{X}) + (\boldsymbol{\xi}^{(1)} + \boldsymbol{\alpha}^{(1)}\times\boldsymbol{X})\cdot\nabla\dot{\boldsymbol{\Phi}}^{(1)}(\boldsymbol{X})\right]\boldsymbol{n}\mathrm{d}S + \\
& \boldsymbol{\alpha}^{(1)}\times\boldsymbol{F}^{(1)} - \rho g A_{WP}(\alpha_1^{(1)}\alpha_3^{(1)}x_F + \alpha_2^{(1)}\alpha_3^{(1)}y_F)\boldsymbol{k}
\end{aligned}
\tag{1.2.32}
$$

$$
\begin{aligned}
\boldsymbol{M}^{(2)} = & -\rho\iint_{S_B}\boldsymbol{\alpha}^{(1)}\times(\boldsymbol{X}\times\boldsymbol{n})[\nabla\dot{\boldsymbol{\Phi}}^{(1)}(\boldsymbol{X}) + g(\xi_3^{(1)} + \alpha_1^{(1)}y - \alpha_2^{(1)}x)]\mathrm{d}S + \\
& \frac{1}{2}\rho g\int_{WL}[\boldsymbol{\eta}^{(1)} - (\xi_3^{(1)} + \alpha_1^{(1)}y - \alpha_2^{(1)}x)]^2(\boldsymbol{X}\times\boldsymbol{n})/\sqrt{1-n_3^2}\mathrm{d}l - \\
& \rho\iint_{S_B}\left[\frac{1}{2}\nabla\boldsymbol{\Phi}^{(1)}(\boldsymbol{X})\cdot\nabla\boldsymbol{\Phi}^{(1)}(\boldsymbol{X}) + (\boldsymbol{\xi}^{(1)} + \alpha^{(1)}\times\boldsymbol{X})\cdot\nabla\dot{\boldsymbol{\Phi}}^{(1)}(\boldsymbol{X}) + g\boldsymbol{HX}\cdot\boldsymbol{k}\right](\boldsymbol{X}\times \\
& \boldsymbol{n})\mathrm{d}S - \rho\iint_{S_B}(\boldsymbol{\xi}^{(1)}\times\boldsymbol{n})[\dot{\boldsymbol{\Phi}}^{(1)}(\boldsymbol{X}) + g(\xi_3^{(1)} + \alpha_1^{(1)}y - \alpha_2^{(1)}x)]\mathrm{d}S - \\
& \rho\iint_{S_B}[\boldsymbol{\xi}^{(1)}\times(\boldsymbol{\alpha}^{(1)}\times\boldsymbol{n}) + \boldsymbol{H}(\boldsymbol{X}\times\boldsymbol{n})]z\mathrm{d}S - \rho g\iint_{S_B}(\xi_3^{(1)} + \alpha_1^{(1)}y - \alpha_2^{(1)}x)(\boldsymbol{X}\times \\
& \boldsymbol{n})\mathrm{d}S - \rho g\iint_{S_B}[\boldsymbol{\xi}^{(2)}\times\boldsymbol{n} + \boldsymbol{\alpha}^{(2)}\times(\boldsymbol{X}\times\boldsymbol{n})]z\mathrm{d}S - \rho g\iint_{S_B}(\boldsymbol{X}\times\boldsymbol{n})\dot{\boldsymbol{\Phi}}^{(2)}(\boldsymbol{X})\mathrm{d}S \\
= & \boldsymbol{M}_p + \boldsymbol{M}_q - \rho g[-V\xi_2^{(2)} + A_{WP}y_F\xi_3^{(2)} + (Vz_B + L_{22})\alpha_1^{(2)} - L_{12}\alpha_2^{(2)} - Vx_B\alpha_3^{(2)}]\boldsymbol{i} - \\
& \rho g[V\xi_1^{(2)} - A_{WP}x_F\xi_3^{(2)} - L_{12}\alpha_1^{(2)} + (Vz_B + L_{11})\alpha_2^{(2)} - Vy_B\alpha_3^{(2)}]\boldsymbol{j}
\end{aligned}
\tag{1.2.33}
$$

$$
\boldsymbol{M}_p = -\rho g\iint_{S_B}(\boldsymbol{X}\times\boldsymbol{n})\dot{\boldsymbol{\Phi}}^{(2)}(\boldsymbol{X})\mathrm{d}S \tag{1.2.34}
$$

$$
\begin{aligned}
\boldsymbol{M}_q = & \frac{1}{2}\rho g\int_{WL}[\boldsymbol{\eta}^{(1)} - (\xi_3^{(1)} + \alpha_1^{(1)}y - \alpha_2^{(1)}x)]^2(\boldsymbol{X}\times\boldsymbol{n})/\sqrt{1-n_3^2}\mathrm{d}l - \\
& \rho\iint_{S_B}\left[\frac{1}{2}\nabla\boldsymbol{\Phi}^{(1)}(\boldsymbol{X})\cdot\nabla\boldsymbol{\Phi}^{(1)}(\boldsymbol{X}) + (\boldsymbol{\xi}^{(1)} + \boldsymbol{\alpha}^{(1)}\times\boldsymbol{X})\cdot\nabla\dot{\boldsymbol{\Phi}}^{(1)}(\boldsymbol{X})\right](\boldsymbol{X}\times\boldsymbol{n})\mathrm{d}S + \\
& \boldsymbol{\xi}^{(1)}\times\boldsymbol{F}^{(1)} + \boldsymbol{\alpha}^{(1)}\times\boldsymbol{M}^{(1)} + \rho g\Big\{-V\xi_1^{(1)}\alpha_3^{(1)} + V\alpha_1^{(1)}\alpha_2^{(1)}x_B - V\alpha_2^{(1)}\alpha_3^{(1)}z_B - \frac{1}{2}V\Big[(\alpha_1^{(1)})^2 - \\
& (\alpha_3^{(1)})^2\Big]y_B - \alpha_1^{(1)}\alpha_3^{(1)}L_{12} - \alpha_2^{(1)}\alpha_3^{(1)}L_{22}\Big\}\boldsymbol{i} + \rho g\Big\{-V\xi_2^{(1)}\alpha_3^{(1)} + V\alpha_1^{(1)}\alpha_3^{(1)}z_B +
\end{aligned}
$$

$$\frac{1}{2}V[(\alpha_2^{(1)})^2-(\alpha_3^{(1)})^2]x_B+\alpha_1^{(1)}\alpha_3^{(1)}L_{11}+\alpha_2^{(1)}\alpha_3^{(1)}L_{12}\}\boldsymbol{j}+$$

$$\rho g(V\xi_1^{(1)}\alpha_1^{(1)}+V\xi_2^{(1)}\alpha_2^{(1)}+V\alpha_2^{(1)}\alpha_3^{(1)}x_{\mathrm{B}}-V\alpha_1^{(1)}\alpha_3^{(1)}y_{\mathrm{B}})\boldsymbol{k} \tag{1.2.35}$$

在浮体运动过程中,浮体与自由面的相对位置和浮体的法向都在变化。二阶波浪力 $\boldsymbol{F}^{(2)}$ 为动压力沿平均湿表面上的积分和水线积分的和,其中有五部分一阶运动与速度势的贡献。

(1)二阶非线性旋转的贡献

$$-\rho g\iint_{S_{\mathrm{B}}} z\boldsymbol{Hn}\mathrm{d}S-\rho g\iint_{S_{\mathrm{B}}}(\boldsymbol{HX}\cdot\boldsymbol{k})\boldsymbol{n}\mathrm{d}S$$

(2)一阶力的旋转效应

$$-\rho\iint_{S_{\mathrm{B}}}(\boldsymbol{\alpha}^{(1)}\times\boldsymbol{n})[\dot{\boldsymbol{\Phi}}^{(1)}(\boldsymbol{X})+g(\xi_3^{(1)}+\alpha_1^{(1)}y-\alpha_2^{(1)}x)]\mathrm{d}S$$

(3)一阶流体速度平方项的贡献

$$-\rho\iint_{S_{\mathrm{B}}}\left[\frac{1}{2}\nabla\boldsymbol{\Phi}^{(1)}(\boldsymbol{X})\cdot\nabla\boldsymbol{\Phi}^{(1)}(\boldsymbol{X})\right]\boldsymbol{n}\mathrm{d}S$$

(4)考虑一阶浮体位移的影响,将压力由 $\hat{S}_{\mathrm{B}}$ 修正到 S_{B} 上

$$-\rho\iint_{S_{\mathrm{B}}}[(\xi^{(1)}+\boldsymbol{\alpha}^{(1)}\times\boldsymbol{X})\cdot\nabla\dot{\boldsymbol{\Phi}}^{(1)}(\boldsymbol{X})]\boldsymbol{n}\mathrm{d}S$$

(5)一阶压力在平均自由面和瞬时自由面之间的积分

$$\frac{1}{2}\rho g\int_{\mathrm{WL}}[\eta^{(1)}-(\xi_3^{(1)}+\alpha_1^{(1)}y-\alpha_2^{(1)}x)]^2\boldsymbol{n}/\sqrt{1-n_3^2}\,\mathrm{d}l$$

1.2.3 一阶及二阶运动方程

质心位移 $\hat{\boldsymbol{X}}_G$ 和加速度 $\ddot{\hat{\boldsymbol{X}}}_G$ 的二阶展开为

$$\hat{\boldsymbol{X}}_G=\boldsymbol{X}_G+\boldsymbol{\xi}^{(1)}+\boldsymbol{\alpha}^{(1)}\times\boldsymbol{X}_G+\boldsymbol{HX}_G+\boldsymbol{\xi}^{(2)}+\boldsymbol{\alpha}^{(2)}\times\boldsymbol{X}_G+O(\varepsilon^3) \tag{1.2.36}$$

$$\ddot{\hat{\boldsymbol{X}}}_G=\ddot{\boldsymbol{\xi}}^{(1)}+\ddot{\boldsymbol{\alpha}}^{(1)}\times\boldsymbol{X}_G+\ddot{\boldsymbol{H}}\boldsymbol{X}_G+\ddot{\boldsymbol{\xi}}^{(2)}+\ddot{\boldsymbol{\alpha}}^{(2)}\times\boldsymbol{X}_G+\cdots \tag{1.2.37}$$

对角速度 $\boldsymbol{\omega}$ 展开,保留到二阶

$$\boldsymbol{\omega}=\begin{bmatrix}\dot{\alpha}_1^{(1)}\\ \dot{\alpha}_2^{(1)}\\ \dot{\alpha}_3^{(1)}\end{bmatrix}+\begin{bmatrix}\dot{\alpha}_1^{(2)}+\dot{\alpha}_2^{(1)}\alpha_3^{(1)}\\ \dot{\alpha}_2^{(2)}-\dot{\alpha}_1^{(1)}\alpha_3^{(1)}\\ \dot{\alpha}_3^{(2)}+\dot{\alpha}_1^{(1)}\alpha_2^{(1)}\end{bmatrix}+O(\varepsilon^3)=\dot{\boldsymbol{\alpha}}^{(1)}+\dot{\boldsymbol{\alpha}}^{(2)}+\boldsymbol{\alpha}^q+O(\varepsilon^3) \tag{1.2.38}$$

$$\boldsymbol{\alpha}^q=\begin{bmatrix}\dot{\alpha}_2^{(1)}\alpha_3^{(1)}\\ -\dot{\alpha}_1^{(1)}\alpha_3^{(1)}\\ \dot{\alpha}_1^{(1)}\alpha_2^{(1)}\end{bmatrix} \tag{1.2.39}$$

一阶和二阶运动方程为

$$\boldsymbol{M}\begin{Bmatrix}\ddot{\boldsymbol{\xi}}^{(1)}\\ \ddot{\boldsymbol{\alpha}}^{(1)}\end{Bmatrix}+\boldsymbol{C}\begin{Bmatrix}\boldsymbol{\xi}^{(1)}\\ \boldsymbol{\alpha}^{(1)}\end{Bmatrix}=\begin{Bmatrix}\boldsymbol{F}_{\mathrm{exc}}^{(1)}\\ \boldsymbol{M}_{\mathrm{exc}}^{(1)}\end{Bmatrix} \tag{1.2.40}$$

$$\boldsymbol{M}\begin{Bmatrix}\ddot{\boldsymbol{\xi}}^{(2)}\\\ddot{\boldsymbol{\alpha}}^{(2)}\end{Bmatrix}+\boldsymbol{C}\begin{Bmatrix}\boldsymbol{\xi}^{(2)}\\\boldsymbol{\alpha}^{(2)}\end{Bmatrix}=\begin{Bmatrix}\boldsymbol{F}_{\text{exc}}^{(2)}\\\boldsymbol{M}_{\text{exc}}^{(2)}\end{Bmatrix}\tag{1.2.41}$$

其中,$\boldsymbol{M}$ 是质量力矩阵,$\boldsymbol{C}$ 是静水回复力矩阵,有

$$\boldsymbol{M}=\begin{bmatrix} m & 0 & 0 & 0 & mz_G & -my_G\\ 0 & m & 0 & -mz_G & 0 & mx_G\\ 0 & 0 & m & my_G & -mx_G & 0\\ 0 & -mz_G & my_G & I_{11} & I_{12} & I_{13}\\ mz_G & 0 & -mx_G & I_{21} & I_{22} & I_{23}\\ -my_G & mx_G & 0 & I_{31} & I_{32} & I_{33}\end{bmatrix}\tag{1.2.42}$$

$$\boldsymbol{C}=g\begin{bmatrix} 0 & 0 & 0 & 0 & 0 & 0\\ 0 & 0 & 0 & 0 & 0 & 0\\ 0 & 0 & \rho A_{\text{WP}} & \rho A_{\text{WP}}y_F & -\rho A_{\text{WP}}x_{\text{F}} & 0\\ 0 & 0 & \rho A_{\text{WP}}y_{\text{F}} & \rho(Vz_{\text{B}}+L_{22})-mz_G & -\rho L_{12} & -\rho Vx_{\text{B}}+mx_G\\ 0 & 0 & -\rho A_{\text{WP}}x_{\text{F}} & -\rho L_{12} & \rho(Vz_{\text{B}}+L_{11})-mz_G & -\rho Vy_{\text{B}}+my_G\\ 0 & 0 & 0 & 0 & 0 & 0\end{bmatrix}\tag{1.2.43}$$

$$\boldsymbol{F}_{\text{exc}}^{(1)}=-\rho\iint_{S_{\text{B}}}\dot{\boldsymbol{\Phi}}^{(1)}(\boldsymbol{X})\boldsymbol{n}\mathrm{d}S\tag{1.2.44}$$

$$\boldsymbol{M}_{\text{exc}}^{(1)}=-\rho g\iint_{S_{\text{B}}}\dot{\boldsymbol{\Phi}}^{(1)}(\boldsymbol{X})(\boldsymbol{X}\times\boldsymbol{n})\mathrm{d}S\tag{1.2.45}$$

$$\boldsymbol{F}_{\text{exc}}^{(2)}=\boldsymbol{F}_q+\boldsymbol{F}_p-m\ddot{\boldsymbol{H}}\boldsymbol{X}_G\tag{1.2.46}$$

$$\begin{aligned}\boldsymbol{M}_{\text{exc}}^{(2)}=&\rho gV[\alpha_3^{(1)}\xi_1^{(1)}\boldsymbol{i}+\alpha_3^{(1)}\xi_2^{(1)}\boldsymbol{j}-(\alpha_1^{(1)}\xi_1^{(1)}+\alpha_2^{(1)}\xi_2^{(1)})\boldsymbol{k}]+\\&mg\left(\left\{\frac{1}{2}[(\alpha_1^{(1)})^2-(\alpha_3^{(1)})^2]y_G-\alpha_1^{(1)}\alpha_2^{(1)}x_G+\alpha_2^{(1)}\alpha_3^{(1)}z_G\right\}\boldsymbol{i}-\right.\\&\left.\left\{\frac{1}{2}[(\alpha_2^{(1)})^2-(\alpha_3^{(1)})^2]x_G+\alpha_1^{(1)}\alpha_3^{(1)}z_G\right\}\boldsymbol{j}+(\alpha_1^{(1)}\alpha_3^{(1)}y_G-\alpha_2^{(1)}\alpha_3^{(1)}x_G)\boldsymbol{k}\right)+\\&\boldsymbol{M}_q-\dot{\boldsymbol{\alpha}}^{(1)}\times\boldsymbol{I}_G\dot{\boldsymbol{\alpha}}^{(1)}-\boldsymbol{I}_G\dot{\boldsymbol{\alpha}}^q-\boldsymbol{\xi}^{(1)}\times\boldsymbol{F}^{(1)}-\boldsymbol{\alpha}^{(1)}\times\boldsymbol{M}^{(1)}+\boldsymbol{X}_G\times(\boldsymbol{\alpha}^{(1)}\times\boldsymbol{F}^{(1)})-\\&m\boldsymbol{X}_G\times\ddot{\boldsymbol{H}}\boldsymbol{X}_G+\boldsymbol{M}_p\end{aligned}\tag{1.2.47}$$

1.3 频域一阶和二阶运动理论

在上一节基础上,假定入射波为双色波,可以导出浮体的一阶和二阶频域解的边界条件和运动方程,取得一阶和二阶波浪力传递函数,由此可以计算不规则波作用下的一阶和二阶波浪力谱,或者使用卡明斯(Cummins)方程进行时域运动模拟,从而获得浮体在不规则波浪中的结构动力响应。

1.3.1 边界条件

在双色波的情况下(频率为 ω_1 和 ω_2),一阶速度势 $\boldsymbol{\Phi}^{(1)}(\boldsymbol{X},t)$ 表示为

$$\boldsymbol{\Phi}^{(1)}(\boldsymbol{X},t) = \mathrm{Re}\left\{\sum_{j=1}^{2}\boldsymbol{\Phi}_j^{(1)}(\boldsymbol{X})\mathrm{e}^{\mathrm{i}\omega_j t}\right\} \tag{1.3.1}$$

二阶速度势 $\boldsymbol{\Phi}^{(2)}(\boldsymbol{X},t)$ 表示差频分量与和频分量的叠加，即

$$\boldsymbol{\Phi}^{(2)}(\boldsymbol{X},t) = \mathrm{Re}\left\{\sum_{i=1}^{2}\sum_{j=1}^{2}\left[\phi_{ij}^{-}(\boldsymbol{X})\mathrm{e}^{\mathrm{i}(\omega_i-\omega_j)t} + \phi_{ij}^{+}(\boldsymbol{X})\mathrm{e}^{\mathrm{i}(\omega_i+\omega_j)t}\right]\right\} \tag{1.3.2}$$

把一阶势 $\boldsymbol{\Phi}^{(1)}(\boldsymbol{X},t)$ 和二阶势 $\boldsymbol{\Phi}^{(2)}(\boldsymbol{X},t)$ 分解为入射波势 $\boldsymbol{\Phi}_I(\boldsymbol{X},t)$、辐射势 $\boldsymbol{\Phi}_R(\boldsymbol{X},t)$ 与散射势 $\boldsymbol{\Phi}_S(\boldsymbol{X},t)$ 之和，从而有

$$\boldsymbol{\Phi}(\boldsymbol{X},t) = \varepsilon\left[\boldsymbol{\Phi}_I^{(1)}(\boldsymbol{X},t) + \boldsymbol{\Phi}_R^{(1)}(\boldsymbol{X},t) + \boldsymbol{\Phi}_S^{(1)}(\boldsymbol{X},t)\right] + \varepsilon^2\left[\boldsymbol{\Phi}_I^{(2)}(\boldsymbol{X},t) + \boldsymbol{\Phi}_R^{(2)}(\boldsymbol{X},t) + \boldsymbol{\Phi}_S^{(2)}(\boldsymbol{X},t)\right] \tag{1.3.3}$$

设水深为 h，一阶入射波势的空间部分为

$$\phi_{jI}^{(1)} = \frac{\mathrm{i}gA_j}{\omega_j}Z(k_j z)\mathrm{e}^{-\mathrm{i}k_j(x\cos\beta_j + y\sin\beta_j)} \tag{1.3.4}$$

其中，A_j 是波幅，β_j 是入射波方向与 x 轴的夹角，波数 k_j 与频率 ω_j 满足色散关系

$$k_j\tanh k_j h = \frac{\omega_j^2}{g} \tag{1.3.5}$$

$Z(k_j h)$ 为深度相关函数，有

$$Z(k_j z) = \frac{\cosh k_j(z+h)}{\cosh k_j h} \tag{1.3.6}$$

二阶入射波势的空间部分为

$$\phi_{ijI}^{\pm} = \frac{Q_{\mathrm{II}}^{\pm}(x,y)Z(k_{ij}^{\pm}z)}{q_{ij}^{\pm}} \tag{1.3.7}$$

式中

$$Q_{\mathrm{II}}^{+} = \gamma_{ij}^{+}\mathrm{e}^{-\mathrm{i}k_{ij}^{c+}x - \mathrm{i}k_{ij}^{s+}y} \tag{1.3.8}$$

$$\gamma_{ij}^{+} = -\frac{1}{2}\mathrm{i}g^2A_iA_j\left[\frac{k_j^2-\omega_j^4/g^2}{2\omega_j} + \frac{k_i^2-\omega_i^4/g^2}{2\omega_i} + \frac{\omega_i+\omega_j}{\omega_i\omega_j}\left(k_ik_j\cos\beta_i\cos\beta_j + k_ik_j\sin\beta_i\sin\beta_j - \frac{\omega_i^2\omega_j^2}{g^2}\right)\right] \tag{1.3.9}$$

$$k_{ij}^{c+} = k_i\cos\beta_i + k_j\cos\beta_j,\ k_{ij}^{s+} = k_i\sin\beta_i + k_j\sin\beta_j \tag{1.3.10}$$

$$Q_{\mathrm{II}}^{-} = \gamma_{ij}^{-}\mathrm{e}^{-\mathrm{i}k_{ij}^{c-}x - \mathrm{i}k_{ij}^{s-}y} \tag{1.3.11}$$

$$\gamma_{ij}^{-} = \frac{1}{2}\mathrm{i}g^2A_iA_j^*\left[\frac{k_j^2-\omega_j^4/g^2}{2\omega_j} - \frac{k_i^2-\omega_i^4/g^2}{2\omega_i} - \frac{\omega_i-\omega_j}{\omega_i\omega_j}\left(k_ik_j\cos\beta_i\cos\beta_j + k_ik_j\sin\beta_i\sin\beta_j + \frac{\omega_i^2\omega_j^2}{g^2}\right)\right] \tag{1.3.12}$$

$$k_{ij}^{c-} = k_i\cos\beta_i - k_j\cos\beta_j,\ k_{ij}^{s-} = k_i\sin\beta_i - k_j\sin\beta_j \tag{1.3.13}$$

$$k_{ij}^{\pm} = \sqrt{k_i^2 + k_j^2 \pm 2k_ik_j\cos(\beta_i-\beta_j)} \tag{1.3.14}$$

$$q_{ij}^{\pm} = -(\omega_i \pm \omega_j)^2 + gk_{ij}^{\pm}\tanh k_{ij}^{\pm}h \tag{1.3.15}$$

上角标 * 表示取复共轭。浮体的一阶平动位移 $\boldsymbol{\xi}^{(1)}$ 与旋转位移 $\boldsymbol{\alpha}^{(1)}$ 可以表示为

$$\left.\begin{aligned}\boldsymbol{\xi}^{(1)}(\boldsymbol{X},t) &= \mathrm{Re}\sum_{j=1}^{2}\boldsymbol{\xi}_j^{(1)}(\boldsymbol{X})\mathrm{e}^{\mathrm{i}\omega_j t},\ \boldsymbol{\xi}_j^{(1)}(\boldsymbol{X}) = (\xi_{1j}^{(1)},\xi_{2j}^{(1)},\xi_{3j}^{(1)})\\ \boldsymbol{\alpha}^{(1)}(\boldsymbol{X},t) &= \mathrm{Re}\sum_{j=1}^{2}\boldsymbol{\alpha}_j^{(1)}(\boldsymbol{X})\mathrm{e}^{\mathrm{i}\omega_j t},\ \boldsymbol{\alpha}_j^{(1)}(\boldsymbol{X}) = (\alpha_{1j}^{(1)},\alpha_{2j}^{(1)},\alpha_{3j}^{(1)})\end{aligned}\right\} \tag{1.3.16}$$

二阶运动位移可以写为

$$[\boldsymbol{\xi}^{(2)},\boldsymbol{\alpha}^{(2)}](\boldsymbol{X},t) = \mathrm{Re}\sum_{i=1}^{2}\sum_{j=1}^{2}\{[\boldsymbol{\xi}^{+},\boldsymbol{\alpha}^{+}](\boldsymbol{X})\mathrm{e}^{\mathrm{i}(\omega_i+\omega_j)t} + [\boldsymbol{\xi}^{-},\boldsymbol{\alpha}^{-}](\boldsymbol{X})\mathrm{e}^{\mathrm{i}(\omega_i-\omega_j)t}\} \tag{1.3.17}$$

一阶辐射势 $\phi_{jR}^{(1)}$ 可以分解为 6 个单位运动幅值的辐射势的组合,即

$$\phi_{jR}^{(1)} = \mathrm{i}\omega_j\sum_{k=1}^{3}\xi_{kj}^{(1)}\phi_{jR}^{(1)k} + \mathrm{i}\omega_j\sum_{k=4}^{6}\alpha_{kj}^{(1)}\phi_{jR}^{(1)k} \tag{1.3.18}$$

满足的边界条件为

$$\left.\begin{array}{ll}\left(-\omega_j^2+g\dfrac{\partial}{\partial z}\right)\phi_{jR}^{(1)k}(\boldsymbol{X})=0 & (\text{在自由面 } S_\mathrm{F} \text{ 上}(z=0))\\ \dfrac{\partial\phi_{jR}^{(1)k}(\boldsymbol{X})}{\partial n}=n_k & (\text{平均湿表面 } S_\mathrm{B} \text{ 上})\\ \dfrac{\partial\phi_{jR}^{(1)k}(\boldsymbol{X})}{\partial n}=0 & (\text{在底面 } S_\mathrm{D} \text{ 上}(z=-h))\\ \lim\limits_{\rho\to\infty}\rho^{\frac{1}{2}}\left(\dfrac{\partial}{\partial\rho}-\mathrm{i}k_j\right)\phi_{jR}^{(1)k}(\boldsymbol{X})=0 & (\text{在无穷远面 } S_\infty \text{ 上})\end{array}\right\} \tag{1.3.19}$$

其中,$\rho=\sqrt{x^2+y^2}$ 是距原点的径向距离;$\boldsymbol{n}=(n_1,n_2,n_3)^\mathrm{T}$ 是物面单位法向,指向浮体内部;$\boldsymbol{X}\times\boldsymbol{n}=(n_4,n_5,n_6)^\mathrm{T}$。除物面条件外,一阶散射势 $\phi_{jS}^{(1)}$ 满足的边界条件与一阶辐射势 $\phi_{jR}^{(1)}$ 相同,有

$$\frac{\partial\phi_{jS}^{(1)}(\boldsymbol{X})}{\partial n} = -\frac{\partial\phi_{jI}^{(1)}(\boldsymbol{X})}{\partial n} \quad (\text{平均湿表面 } S_\mathrm{B} \text{ 上}) \tag{1.3.20}$$

二阶辐射势 $\phi_{ijR}^{\pm}$ 为

$$\phi_{ijR}^{\pm} = \mathrm{i}(\omega_i\pm\omega_j)\sum_{k=1}^{3}\xi_{kij}^{\pm}\phi_{ijR}^{\pm k} + \mathrm{i}(\omega_i\pm\omega_j)\sum_{k=4}^{6}\alpha_{kij}^{\pm}\phi_{ijR}^{\pm k} \tag{1.3.21}$$

$\phi_{ijR}^{\pm k}$ 满足的边界条件与一阶辐射势 $\phi_{jR}^{(1)}$ 相同(将 ω_j 和 k_j 替换为 $\omega_i\pm\omega_j$ 和 $k_{ij}^{\pm}$)。二阶散射势 $\phi_{ijS}^{\pm}$ 满足的边界条件为

$$\left.\begin{array}{ll}-(\omega_i\pm\omega_j)^2\phi_{ijS}^{\pm}+g\dfrac{\partial\phi_{ijS}^{\pm}}{\partial Z}=Q_\mathrm{F}^{\pm} & (\text{在自由面 } S_\mathrm{F} \text{ 上}(z=0))\\ \dfrac{\partial\phi_{ijS}^{\pm}}{\partial n}=Q_\mathrm{B}^{\pm} & (\text{平均湿表面 } S_\mathrm{B} \text{ 上})\\ \dfrac{\partial\phi_{ijS}^{\pm}}{\partial z}=0 & (\text{在底面 } S_\mathrm{D} \text{ 上}(z=-h))\\ \text{无穷远处辐射条件} & (\text{在无穷远面 } S_\infty \text{ 上})\end{array}\right\} \tag{1.3.22}$$

其中远方辐射条件参看 M. H. Kim 等的分析,这里

$$Q_\mathrm{F}^{+} = \frac{\mathrm{i}\omega_i\phi_i^{(1)}}{4g}\left(-\omega_j^2\frac{\partial\phi_j^{(1)}}{\partial z}+g\frac{\partial^2\phi_j^{(1)}}{\partial z^2}\right)+\frac{\mathrm{i}\omega_j\phi_j^{(1)}}{4g}\left(-\omega_i^2\frac{\partial\phi_i^{(1)}}{\partial z}+g\frac{\partial^2\phi_i^{(1)}}{\partial z^2}\right)-\frac{\mathrm{i}}{2}(\omega_i+\omega_j)\nabla\phi_i^{(1)}\cdot\nabla\phi_j^{(1)}-Q_\mathrm{II}^{+} \tag{1.3.23}$$

$$Q_\mathrm{F}^{-} = \frac{\mathrm{i}\omega_i\phi_i^{(1)}}{4g}\left(-\omega_j^2\frac{\partial\phi_j^{(1)*}}{\partial z}+g\frac{\partial^2\phi_j^{(1)*}}{\partial z^2}\right)-\frac{\mathrm{i}\omega_j\phi_j^{(1)*}}{4g}\left(-\omega_i^2\frac{\partial\phi_i^{(1)}}{\partial z}+g\frac{\partial^2\phi_i^{(1)}}{\partial z^2}\right)-\frac{\mathrm{i}}{2}(\omega_i-\omega_j)\nabla\phi_i^{(1)}\cdot\nabla\phi_j^{(1)*}-Q_\mathrm{II}^{-} \tag{1.3.24}$$

$$Q_{\mathrm{B}}^{+}=-\frac{\partial\phi_{ijI}^{+}}{\partial n}+\frac{\mathrm{i}(\omega_i+\omega_j)}{2}\boldsymbol{n}\cdot H^{+}\boldsymbol{X}+\frac{1}{4}\{(\boldsymbol{\alpha}_i^{(1)}\times\boldsymbol{n})\cdot[\mathrm{i}\omega_j(\boldsymbol{\xi}_j^{(1)}+\boldsymbol{\alpha}_j^{(1)}\times\boldsymbol{X})-\nabla\phi_j^{(1)}]+(\boldsymbol{\alpha}_j^{(1)}\times\boldsymbol{n})\cdot[\mathrm{i}\omega_i(\boldsymbol{\xi}_i^{(1)}+\boldsymbol{\alpha}_i^{(1)}\times\boldsymbol{X})-\nabla\phi_i^{(1)}]\}-\frac{\boldsymbol{n}}{4}\cdot\{[(\boldsymbol{\xi}_i^{(1)}+\boldsymbol{\alpha}_i^{(1)}\times\boldsymbol{X})\cdot\nabla]\nabla\phi_j^{(1)}+[(\boldsymbol{\xi}_j^{(1)}+\boldsymbol{\alpha}_j^{(1)}\times\boldsymbol{X})\cdot\nabla]\nabla\phi_i^{(1)}\}\tag{1.3.25}$$

$$Q_{\mathrm{B}}^{-}=-\frac{\partial\phi_{ijI}^{-}}{\partial n}+\frac{\mathrm{i}(\omega_i-\omega_j)}{2}\boldsymbol{n}\cdot\boldsymbol{H}^{-}\boldsymbol{X}+\frac{1}{4}\{(\boldsymbol{\alpha}_i^{(1)}\times\boldsymbol{n})\cdot[-\mathrm{i}\omega_j(\boldsymbol{\xi}_j^{(1)*}+\boldsymbol{\alpha}_j^{(1)*}\times\boldsymbol{X})-\nabla\phi_j^{(1)*}]+(\boldsymbol{\alpha}_j^{(1)*}\times\boldsymbol{n})\cdot[\mathrm{i}\omega_i(\boldsymbol{\xi}_i^{(1)}+\boldsymbol{\alpha}_i^{(1)}\times\boldsymbol{X})-\nabla\phi_i^{(1)}]\}-\frac{\boldsymbol{n}}{4}\cdot\{[(\boldsymbol{\xi}_i^{(1)}+\boldsymbol{\alpha}_i^{(1)}\times\boldsymbol{X})\cdot\nabla]\nabla\phi_j^{(1)*}+[(\boldsymbol{\xi}_j^{(1)*}+\boldsymbol{\alpha}_j^{(1)*}\times\boldsymbol{X})\cdot\nabla]\nabla\phi_i^{(1)}\}\tag{1.3.26}$$

$$\boldsymbol{H}^{+}=\frac{1}{2}\begin{bmatrix}-(\alpha_{2i}^{(1)}\alpha_{2j}^{(1)}+\alpha_{3i}^{(1)}\alpha_{3j}^{(1)}) & 0 & 0\\ \alpha_{1i}^{(1)}\alpha_{2j}^{(1)}+\alpha_{1j}^{(1)}\alpha_{2i}^{(1)} & -(\alpha_{1i}^{(1)}\alpha_{1j}^{(1)}+\alpha_{3i}^{(1)}\alpha_{3j}^{(1)}) & 0\\ \alpha_{1i}^{(1)}\alpha_{3j}^{(1)}+\alpha_{1j}^{(1)}\alpha_{3i}^{(1)} & \alpha_{2i}^{(1)}\alpha_{3j}^{(1)}+\alpha_{2j}^{(1)}\alpha_{3i}^{(1)} & -(\alpha_{1i}^{(1)}\alpha_{1j}^{(1)}+\alpha_{2i}^{(1)}\alpha_{2j}^{(1)})\end{bmatrix}\tag{1.3.27}$$

$$\boldsymbol{H}^{-}=\frac{1}{2}\begin{bmatrix}-(\alpha_{2i}^{(1)}\alpha_{2j}^{(1)*}+\alpha_{3i}^{(1)}\alpha_{3j}^{(1)*}) & 0 & 0\\ \alpha_{1i}^{(1)}\alpha_{2j}^{(1)*}+\alpha_{1j}^{(1)*}\alpha_{2i}^{(1)} & -(\alpha_{1i}^{(1)}\alpha_{1j}^{(1)*}+\alpha_{3i}^{(1)}\alpha_{3j}^{(1)*}) & 0\\ \alpha_{1i}^{(1)}\alpha_{3j}^{(1)*}+\alpha_{1j}^{(1)*}\alpha_{3i}^{(1)} & \alpha_{2i}^{(1)}\alpha_{3j}^{(1)*}+\alpha_{2j}^{(1)*}\alpha_{3i}^{(1)} & -(\alpha_{1i}^{(1)}\alpha_{1j}^{(1)*}+\alpha_{2i}^{(1)}\alpha_{2j}^{(1)*})\end{bmatrix}\tag{1.3.28}$$

一阶波高为

$$\boldsymbol{\eta}^{(1)}(t)=\mathrm{Re}\sum_{i=1}^{2}\eta_i^{(1)}\mathrm{e}^{\mathrm{i}\omega_i t}\tag{1.3.29}$$

二阶波高为

$$\boldsymbol{\eta}^{(2)}(t)=\mathrm{Re}\sum_{i=1}^{2}\sum_{j=1}^{2}[\eta_{ij}^{+}\mathrm{e}^{\mathrm{i}(\omega_i+\omega_j)t}+\eta_{ij}^{-}\mathrm{e}^{\mathrm{i}(\omega_i-\omega_j)t}]\tag{1.3.30}$$

1.3.2 一阶和二阶波浪力传递函数

一阶波浪力(矩)传递函数为

$$\boldsymbol{F}_j^{(1)}=\left[-\rho\iint_{S_{\mathrm{B}}}\mathrm{i}\omega_j(\phi_{jI}^{(1)}+\phi_{jS}^{(1)})\boldsymbol{n}\mathrm{d}S\right]/A_j\tag{1.3.31}$$

$$\boldsymbol{M}_j^{(1)}=\left[-\rho\iint_{S_{\mathrm{B}}}\mathrm{i}\omega_j(\phi_{jI}^{(1)}+\phi_{jS}^{(1)})(\boldsymbol{X}\times\boldsymbol{n})\mathrm{d}S\right]/A_j\tag{1.3.32}$$

二阶和频及差频力传递函数为

$$\boldsymbol{F}_{ij}^{\pm}=(\boldsymbol{F}_{pij}^{\pm}+\boldsymbol{F}_{qij}^{\pm})/(A_iA_j,A_iA_j^{*})\tag{1.3.33}$$

二阶入射波势及散射势的贡献为

$$\boldsymbol{F}_{pij}^{\pm}=-\rho\iint_{S_{\mathrm{B}}}\mathrm{i}(\omega_i\pm\omega_j)(\phi_{ijI}^{\pm}+\phi_{ijS}^{\pm})\boldsymbol{n}\mathrm{d}S\tag{1.3.34}$$

一阶速度势和运动响应平方项的贡献为

$$\boldsymbol{F}_{qij}^{+}=\frac{1}{2}(\boldsymbol{f}_{ij}^{+}+\boldsymbol{f}_{ji}^{+}),\boldsymbol{F}_{qij}^{-}=\frac{1}{2}(\boldsymbol{f}_{ij}^{-}+\boldsymbol{f}_{ji}^{-*})\tag{1.3.35}$$

式中

$$\boldsymbol{f}_{ij}^{+} = \frac{\rho g}{4}\int_{WL}[\boldsymbol{\eta}_i^{(1)} - (\xi_{3i}^{(1)} + \alpha_{1i}^{(1)}y - \alpha_{2i}^{(1)}x)][\boldsymbol{\eta}_j^{(1)} - (\xi_{3j}^{(1)} + \alpha_{1j}^{(1)}y - \alpha_{2j}^{(1)}x)]\boldsymbol{n}/\sqrt{1-n_3^2}\,\mathrm{d}l - \rho\iint_{S_B}\left[\frac{1}{4}\nabla\phi_i^{(1)}\cdot\nabla\phi_j^{(1)} + \frac{\mathrm{i}\omega_j}{2}(\boldsymbol{\xi}_i^{(1)} + \boldsymbol{\alpha}_i^{(1)}\times\boldsymbol{X})\cdot\nabla\phi_j^{(1)}\right]\boldsymbol{n}\mathrm{d}S + \frac{1}{2}\boldsymbol{\alpha}_i^{(1)}\times\boldsymbol{F}_j^{(1)} - \frac{1}{2}\rho g A_{WP}(\alpha_{1i}^{(1)}\alpha_{3j}^{(1)}x_F + \alpha_{2i}^{(1)}\alpha_{3j}^{(1)}y_F)\boldsymbol{k} \tag{1.3.36}$$

$$\boldsymbol{f}_{ij}^{-} = \frac{\rho g}{4}\int_{WL}[\boldsymbol{\eta}_i^{(1)} - (\xi_{3i}^{(1)} + \alpha_{1i}^{(1)}y - \alpha_{2i}^{(1)}x)][\boldsymbol{\eta}_j^{(1)*} - (\boldsymbol{\xi}_{3j}^{(1)*} + \alpha_{1j}^{(1)*}y - \alpha_{2j}^{(1)*}x)]\boldsymbol{n}/\sqrt{1-n_3^2}\,\mathrm{d}l - \rho\iint_{S_B}\left[\frac{1}{4}\nabla\phi_i^{(1)}\cdot\nabla\phi_j^{(1)*} - \frac{\mathrm{i}\omega_j}{2}(\xi_i^{(1)} + \boldsymbol{\alpha}_i^{(1)}\times\boldsymbol{X})\cdot\nabla\phi_j^{(1)*}\right]\boldsymbol{n}\mathrm{d}S + \frac{1}{2}\boldsymbol{\alpha}_i^{(1)}\times\boldsymbol{F}_j^{(1)*} - \frac{1}{2}\rho g A_{WP}(\alpha_{1i}^{(1)}\alpha_{3j}^{(1)*}x_F + \alpha_{2i}^{(1)}\alpha_{3j}^{(1)*}y_F)\boldsymbol{k} \tag{1.3.37}$$

这里 A_{WP}是水线面面积,(x_F, y_F)是水线面浮心坐标,$\boldsymbol{\eta}_i^{(1)}$ 是一阶自由面波高,WL 表明积分沿水线进行。二阶和频及差频力矩传递函数为

$$\boldsymbol{M}_{ij}^{\pm} = (\boldsymbol{M}_{pij}^{\pm} + \boldsymbol{M}_{qij}^{\pm})/(A_iA_j, A_iA_j^*) \tag{1.3.38}$$

二阶入射波势及散射势的贡献为

$$\boldsymbol{M}_{pij}^{\pm} = -\rho\iint_{S_B}\mathrm{i}(\omega_i \pm \omega_j)[\phi_{ijI}^{\pm}(\boldsymbol{X}) + \phi_{ijS}^{\pm}(\boldsymbol{X})](\boldsymbol{X}\cdot\boldsymbol{n})\mathrm{d}S \tag{1.3.39}$$

一阶速度势和运动响应平方项的贡献为

$$\boldsymbol{M}_{qij}^{+} = \frac{1}{2}(\boldsymbol{m}_{ij}^{+} + \boldsymbol{m}_{ji}^{+}),\quad \boldsymbol{M}_{qij}^{-} = \frac{1}{2}(\boldsymbol{m}_{ij}^{-} + \boldsymbol{m}_{ji}^{-*}) \tag{1.3.40}$$

式中

$$\boldsymbol{m}_{ij}^{+} = \frac{\rho g}{4}\int_{WL}[\eta_i^{(1)} - (\xi_{3i}^{(1)} + \alpha_{1i}^{(1)}y - \alpha_{2i}^{(1)}x)][\eta_j^{(1)} - (\xi_{3j}^{(1)} + \alpha_{1j}^{(1)}y - \alpha_{2j}^{(1)}x)](\boldsymbol{X}\times\boldsymbol{n})/\sqrt{1-n_3^2}\,\mathrm{d}l - \frac{\rho}{2}\iint_{S_B}\left[\frac{1}{2}\nabla\phi_i^{(1)}\cdot\nabla\phi_j^{(1)} + \mathrm{i}\omega_j(\boldsymbol{\xi}_i^{(1)} + \boldsymbol{\alpha}_i^{(1)}\times\boldsymbol{X})\cdot\nabla\phi_j^{(1)}\right](\boldsymbol{X}\times\boldsymbol{n})\mathrm{d}S + \frac{1}{2}\boldsymbol{\xi}_i^{(1)}\times \boldsymbol{F}_j^{(1)} + \frac{1}{2}\boldsymbol{\alpha}_i^{(1)}\times\boldsymbol{M}_j^{(1)*} + \frac{\rho g}{2}\left[-V\xi_{1i}^{(1)}\alpha_{3j}^{(1)} + V\alpha_{1i}^{(1)}\alpha_{2j}^{(1)}x_B - V\alpha_{2i}^{(1)}\alpha_{3j}^{(1)}z_B - \frac{V}{2}(\alpha_{1i}^{(1)}\alpha_{1j}^{(1)} - \alpha_{3i}^{(1)}\alpha_{3j}^{(1)})y_B - \alpha_{1i}^{(1)}\alpha_{3j}^{(1)}L_{12} - \alpha_{2i}^{(1)}\alpha_{3j}^{(1)}L_{22}\right]\boldsymbol{i} + \frac{\rho g}{2}\left[-V\xi_{2i}^{(1)}\alpha_{3j}^{(1)} + V\alpha_{1i}^{(1)}\alpha_{3j}^{(1)}z_B + \frac{V}{2}(\alpha_{2i}^{(1)}\alpha_{2j}^{(1)} - \alpha_{3i}^{(1)}\alpha_{3j}^{(1)})x_B + \alpha_{1i}^{(1)}\alpha_{3j}^{(1)}L_{11} + \alpha_{2i}^{(1)}\alpha_{3j}^{(1)}L_{12}\right]\boldsymbol{j} + \frac{\rho g V}{2}[\xi_{1i}^{(1)}\alpha_{1j}^{(1)} + \xi_{2i}^{(1)}\alpha_{2j}^{(1)} + \alpha_{2i}^{(1)}\alpha_{3j}^{(1)}x_B - \alpha_{1i}^{(1)}\alpha_{3j}^{(1)}y_B]\boldsymbol{k} \tag{1.3.41}$$

$$\boldsymbol{m}_{ij}^{-} = \frac{\rho g}{4}\int_{WL}[\eta_i^{(1)} - (\xi_{3i}^{(1)} + \alpha_{1i}^{(1)}y - \alpha_{2i}^{(1)}x)][\eta_j^{(1)*} - (\xi_{3j}^{(1)*} + \alpha_{1j}^{(1)*}y - \alpha_{2j}^{(1)*}x)](\boldsymbol{X}\times\boldsymbol{n})/\sqrt{1-n_3^2}\,\mathrm{d}l - \frac{\rho}{2}\iint_{S_B}\left[\frac{1}{2}\nabla\phi_i^{(1)}\cdot\nabla\phi_j^{(1)*} - \mathrm{i}\omega_j(\xi_i^{(1)} + \boldsymbol{\alpha}_i^{(1)}\times\boldsymbol{X})\cdot\nabla\phi_j^{(1)*}\right](\boldsymbol{X}\times\boldsymbol{n})\mathrm{d}S + \frac{1}{2}\xi_i^{(1)}\times \boldsymbol{F}_j^{(1)*} + \frac{1}{2}\boldsymbol{\alpha}_i^{(1)}\times\boldsymbol{M}_j^{(1)*} + \frac{\rho g}{2}\left[-V\xi_{1i}^{(1)}\alpha_{3j}^{(1)*} + V\alpha_{1i}^{(1)}\alpha_{2j}^{(1)*}x_B - V\alpha_{1i}^{(1)}\alpha_{3j}^{(1)*}z_B - \frac{V}{2}(\alpha_{1i}^{(1)}\alpha_{1j}^{(1)*} - \alpha_{3i}^{(1)}\alpha_{3j}^{(1)*})y_B - \alpha_{1i}^{(1)}\alpha_{3j}^{(1)*}L_{12} - \alpha_{2i}^{(1)}\alpha_{3j}^{(1)*}L_{22}\right]\boldsymbol{i} + \frac{\rho g}{2}\left[-V\xi_{2i}^{(1)}\alpha_{3j}^{(1)*} + V\alpha_{1i}^{(1)}\alpha_{3j}^{(1)*}z_B +\right.$$

$$\frac{V}{2}(\alpha_{2i}^{(1)}\alpha_{2j}^{(1)*}-\alpha_{3i}^{(1)}\alpha_{3j}^{(1)*})x_B+\alpha_{1i}^{(1)}\alpha_{3j}^{(1)*}L_{11}+\alpha_{2i}^{(1)}\alpha_{3j}^{(1)*}L_{12}\Big]\boldsymbol{j}+$$

$$\frac{\rho gV}{2}[\xi_{1i}^{(1)}\alpha_{1j}^{(1)*}+\xi_{2i}^{(1)}\alpha_{2j}^{(1)*}+\alpha_{2i}^{(1)}\alpha_{3j}^{(1)*}x_B-\alpha_{1i}^{(1)}\alpha_{3j}^{(1)*}y_B]\boldsymbol{k} \tag{1.3.42}$$

一阶波高传递函数为

$$\varsigma_j^{(1)}=-\mathrm{i}\omega_j(\phi_{jI}^{(1)}+\phi_{jR}^{(1)}+\phi_{jS}^{(1)})_{z=0}/gA_j \tag{1.3.43}$$

二阶波高传递函数为

$$\varsigma_{ij}^{+}=\left[-\frac{1}{4g}\nabla\phi_i^{(1)}\cdot\nabla\phi_j^{(1)}-\frac{\omega_i\omega_j\left(\frac{\omega_i^2}{g}+\frac{\omega_j^2}{g}\right)}{4g^2}\phi_i^{(1)}\phi_j^{(1)}-\frac{\mathrm{i}(\omega_i+\omega_j)}{g}(\phi_{ijI}^{+}+\phi_{ijR}^{+}+\phi_{ijS}^{+})\right]_{z=0}/A_iA_j \tag{1.3.44}$$

$$\varsigma_{ij}^{-}=\left[-\frac{1}{4g}\nabla\phi_i^{(1)}\cdot\nabla\phi_j^{(1)*}+\frac{\omega_i\omega_j\left(\frac{\omega_i^2}{g}+\frac{\omega_j^2}{g}\right)}{4g^2}\phi_i^{(1)}\phi_j^{(1)*}-\frac{\mathrm{i}(\omega_i-\omega_j)}{g}(\phi_{ijI}^{-}+\phi_{ijR}^{-}+\phi_{ijS}^{-})\right]_{z=0}/A_iA_j^* \tag{1.3.45}$$

1.3.3 一阶和二阶频域运动方程

一阶运动方程为

$$-\omega_j^2(\boldsymbol{M}+\boldsymbol{A}^{(1)})\begin{Bmatrix}\boldsymbol{\xi}^{(1)}\\ \boldsymbol{\alpha}^{(1)}\end{Bmatrix}+\mathrm{i}\omega_j\boldsymbol{B}^{(1)}\begin{Bmatrix}\boldsymbol{\xi}^{(1)}\\ \boldsymbol{\alpha}^{(1)}\end{Bmatrix}+\boldsymbol{C}\begin{Bmatrix}\boldsymbol{\xi}^{(1)}\\ \boldsymbol{\alpha}^{(1)}\end{Bmatrix}=\begin{Bmatrix}\boldsymbol{F}_{\mathrm{exc}}^{(1)}\\ \boldsymbol{M}_{\mathrm{exc}}^{(1)}\end{Bmatrix} \tag{1.3.46}$$

$\boldsymbol{A}^{(1)}=[a_{lk}^{(1)}]_{6\times6}$和$\boldsymbol{B}^{(1)}=[b_{lk}^{(1)}]_{6\times6}$是一阶附加质量及阻尼矩阵，即

$$a_{lk}^{(1)}=\mathrm{Re}\left\{\rho\iint_{S_B}n_l\phi_{jR}^{(1)k}\mathrm{d}S\right\},b_{lk}^{(1)}=-\mathrm{Im}\left\{\rho\omega_j\iint_{S_B}n_l\phi_{jR}^{(1)k}\mathrm{d}S\right\} \tag{1.3.47}$$

一阶波浪激励力(矩)为

$$\boldsymbol{F}_{\mathrm{exc}}^{(1)}=-\rho\iint_{S_B}\mathrm{i}\omega_j(\phi_{jI}^{(1)}+\phi_{jS}^{(1)})\boldsymbol{n}\mathrm{d}S \tag{1.3.48}$$

$$\boldsymbol{M}_{\mathrm{exc}}^{(1)}=-\rho\iint_{S_B}\mathrm{i}\omega_j(\phi_{jI}^{(1)}+\phi_{jS}^{(1)})(\boldsymbol{X}\times\boldsymbol{n})\mathrm{d}S \tag{1.3.49}$$

二阶运动方程为

$$-(\omega_i\pm\omega_j)^2(\boldsymbol{M}+\boldsymbol{A}^{\pm})\begin{Bmatrix}\boldsymbol{\xi}^{\pm}\\ \boldsymbol{\alpha}^{\pm}\end{Bmatrix}+\mathrm{i}(\omega_i\pm\omega_j)\boldsymbol{B}^{\pm}\begin{Bmatrix}\boldsymbol{\xi}^{\pm}\\ \boldsymbol{\alpha}^{\pm}\end{Bmatrix}+\boldsymbol{C}\begin{Bmatrix}\boldsymbol{\xi}^{\pm}\\ \boldsymbol{\alpha}^{\pm}\end{Bmatrix}=\begin{Bmatrix}\boldsymbol{F}_{\mathrm{exc}}^{\pm}\\ \boldsymbol{M}_{\mathrm{exc}}^{\pm}\end{Bmatrix} \tag{1.3.50}$$

这里$\boldsymbol{A}^{\pm}=[a_{lk}^{\pm}]_{6\times6}$和$\boldsymbol{B}^{\pm}=[b_{lk}^{\pm}]_{6\times6}$是二阶附加质量及阻尼矩阵，其中

$$a_{lk}^{\pm}=\mathrm{Re}\left\{\rho\iint_{S_B}n_l\phi_{ijR}^{\pm k}\mathrm{d}S\right\},b_{lk}^{\pm}=-(\omega_i\pm\omega_j)\mathrm{Im}\left\{\rho\iint_{S_B}n_l\phi_{ijR}^{\pm k}\mathrm{d}S\right\} \tag{1.3.51}$$

$\boldsymbol{F}_{\mathrm{exc}}^{\pm}$为

$$\boldsymbol{F}_{\mathrm{exc}}^{\pm}=\boldsymbol{F}_{pij}^{\pm}+\boldsymbol{F}_{qij}^{\pm}+\frac{(\omega_i\pm\omega_j)^2}{2}m\boldsymbol{H}^{\pm}\boldsymbol{X}_G \tag{1.3.52}$$

$\boldsymbol{M}_{\mathrm{exc}}^{\pm}$为

$$\boldsymbol{M}_{\mathrm{exc}}^{\pm}=\boldsymbol{M}_{pij}^{\pm}+\boldsymbol{M}_{qij}^{\pm}+\boldsymbol{M}_{g}^{\pm} \tag{1.3.53}$$

这里$\boldsymbol{M}_g^{\pm}$为一阶运动和重力对二阶旋转运动的影响，即

$$\boldsymbol{M}_g^+ = \frac{1}{2}(\boldsymbol{n}_{ij}^+ + \boldsymbol{n}_{ji}^+),\ \boldsymbol{M}_g^- = \frac{1}{2}(\boldsymbol{n}_{ij}^- + \boldsymbol{n}_{ji}^{-*}) \tag{1.3.54}$$

式中

$$\begin{aligned}\boldsymbol{n}_{ij}^+ = &-\frac{1}{2}\boldsymbol{\xi}_i^{(1)} \times \boldsymbol{F}_j^{(1)} - \frac{1}{2}\boldsymbol{\alpha}_i^{(1)} \times \boldsymbol{M}_j^{(1)} + \frac{1}{2}\rho g V[\xi_{1i}^{(1)}\alpha_{3j}^{(1)}\boldsymbol{i} + \xi_{2i}^{(1)}\alpha_{3j}^{(1)}\boldsymbol{j} - (\xi_{1i}^{(1)}\alpha_{1j}^{(1)} + \xi_{2i}^{(1)}\alpha_{2j}^{(1)})\boldsymbol{k}] + \\ &\frac{1}{2}mg\left[\frac{1}{2}(\alpha_{1i}^{(1)}\alpha_{1j}^{(1)} - \alpha_{3i}^{(1)}\alpha_{3j}^{(1)})y_G - \alpha_{1i}^{(1)}\alpha_{2j}^{(1)}x_G + \alpha_{2i}^{(1)}\alpha_{3j}^{(1)}z_G\right]\boldsymbol{i} - \\ &\frac{1}{2}mg\left[\frac{1}{2}(\alpha_{2i}^{(1)}\alpha_{2j}^{(1)} - \alpha_{3i}^{(1)}\alpha_{3j}^{(1)})x_G + \alpha_{1i}^{(1)}\alpha_{3j}^{(1)}z_G\right]\boldsymbol{j} + \frac{1}{2}mg(\alpha_{1i}^{(1)}\alpha_{3j}^{(1)}y_G - \alpha_{2i}^{(1)}\alpha_{3j}^{(1)}x_G)\boldsymbol{k} + \\ &\frac{1}{2}\boldsymbol{X}_G \times (\boldsymbol{\alpha}_i^{(1)} \times \boldsymbol{F}_j^{(1)}) + \frac{(\omega_i + \omega_j)^2}{2}m\boldsymbol{X}_G \times \boldsymbol{H}^+\boldsymbol{X}_G + \frac{\omega_i\omega_j}{2}\boldsymbol{\alpha}_i^{(1)} \times \boldsymbol{I}_G\boldsymbol{\alpha}_j^{(1)} + \\ &\frac{\omega_i(\omega_i + \omega_j)}{2}\boldsymbol{I}_G\begin{Bmatrix}\alpha_{2i}^{(1)}\alpha_{3j}^{(1)} \\ -\alpha_{1i}^{(1)}\alpha_{3j}^{(1)} \\ \alpha_{1i}^{(1)}\alpha_{2j}^{(1)}\end{Bmatrix}\end{aligned} \tag{1.3.55}$$

$$\begin{aligned}\boldsymbol{n}_{ij}^- = &-\frac{1}{2}\boldsymbol{\xi}_i^{(1)} \times \boldsymbol{F}_j^{(1)*} - \frac{1}{2}\boldsymbol{\alpha}_i^{(1)} \times \boldsymbol{M}_j^{(1)*} + \frac{1}{2}\rho g V[\xi_{1i}^{(1)}\alpha_{3j}^{(1)*}\boldsymbol{i} + \xi_{2i}^{(1)}\alpha_{3j}^{(1)*}\boldsymbol{j} - (\xi_{1i}^{(1)}\alpha_{1j}^{(1)*} + \xi_{2i}^{(1)}\alpha_{2j}^{(1)*})\boldsymbol{k}] + \\ &\frac{1}{2}mg\left[\frac{1}{2}(\alpha_{1i}^{(1)}\alpha_{1j}^{(1)*} - \alpha_{3i}^{(1)}\alpha_{3j}^{(1)*})y_G - \alpha_{1i}^{(1)}\alpha_{2j}^{(1)*}x_G + \alpha_{2i}^{(1)}\alpha_{3j}^{(1)*}z_G\right]\boldsymbol{i} - \\ &\frac{1}{2}mg\left[\frac{1}{2}(\alpha_{2i}^{(1)}\alpha_{2j}^{(1)*} - \alpha_{3i}^{(1)}\alpha_{3j}^{(1)*})x_G + \alpha_{1i}^{(1)}\alpha_{3j}^{(1)*}z_G\right]\boldsymbol{j} + \\ &\frac{1}{2}mg(\alpha_{1i}^{(1)}\alpha_{3j}^{(1)*}y_G - \alpha_{2i}^{(1)}\alpha_{3j}^{(1)*}x_G)\boldsymbol{k} + \frac{1}{2}\boldsymbol{X}_G \times (\boldsymbol{\alpha}_i^{(1)} \times \boldsymbol{F}_j^{(1)*}) + \frac{(\omega_i - \omega_j)^2}{2}m\boldsymbol{X}_G \times \\ &\boldsymbol{H}^-\boldsymbol{X}_G - \frac{\omega_i\omega_j}{2}\boldsymbol{\alpha}_i^{(1)} \times \boldsymbol{I}_G\boldsymbol{\alpha}_j^{(1)*} + \frac{\omega_i(\omega_i - \omega_j)}{2}\boldsymbol{I}_G\begin{Bmatrix}\alpha_{2i}^{(1)}\alpha_{3j}^{(1)*} \\ -\alpha_{1i}^{(1)}\alpha_{3j}^{(1)*} \\ \alpha_{1i}^{(1)}\alpha_{2j}^{(1)*}\end{Bmatrix}\end{aligned} \tag{1.3.56}$$

这里 $\boldsymbol{I}_G$ 是关于质心 G 的惯性矩矩阵。

1.4 大幅慢漂运动的分析

前述的摄动分析结果是建立在结构的运动幅度小于结构自身的尺度这一假定基础上的。通常,一个锚泊船舶或平台的低频运动响应包含很大的水平位移,因此无法进行摄动分析。由于结构以较低的速度进行大幅运动,这一自由面问题可以进行线性化处理。我们用多尺度法处理这一问题,基本的想法是引入两个时间尺度 t 和 τ,且

$$\tau = \varepsilon t \tag{1.4.1}$$

这里 ε 是小参数,t 是通常的时间变量。用时间 t 描述一阶波频运动,用时间 τ 描述低频慢漂运动。假设在空间固定系里,平台的慢漂位置为 $X(\tau) = X(\varepsilon t)$,慢漂速度为 $\frac{\mathrm{d}X}{\mathrm{d}t} = \frac{\varepsilon \mathrm{d}X}{\mathrm{d}\tau} = 0(\varepsilon X)$,所以 $X(\tau)$ 关于时间尺度 t 是缓慢变化的。进一步有 $\frac{\mathrm{d}^2X}{\mathrm{d}t^2} = 0(\varepsilon^2 X)$,等等。

我们假设波频运动的幅度、速度、加速度的量阶为 $O(\varepsilon)$,这意味着频率 ω 的量阶为

$O(1)$。接着假定慢漂运动的速度为 $O(\varepsilon)$，这意味着慢漂运动的幅度为 $O(1)$，加速度为 $O(\varepsilon^2)$。以时间尺度 t 衡量时，慢漂运动的频率为差频 $\omega_i-\omega_j$，ω_i 和 ω_j 为波频，$\omega_i-\omega_j=O(\varepsilon)$；以时间尺度 τ 衡量时，慢漂运动的频率量阶为 $O(1)$。

这些假设导出了下面的运动幅度的量阶关系。因为波频运动和慢漂运动的速度为 $O(\varepsilon)$，它们的速度势都是 $O(\varepsilon)$。慢漂加速度为 $O(\varepsilon^2)$，由牛顿定律可知，引起慢漂运动的力为 $O(\varepsilon^2)$。

根据以上分析，可以把平台的运动分解为两部分，一个时间尺度为 t，另一个时间尺度为 τ，前者参数依赖于 τ。

1.4.1 浮体运动描述

我们定义三个坐标系：空间固定坐标系 $O_0x_0y_0z_0$、描述慢漂运动的慢漂坐标系 $Oxyz$、随体坐标系 $O'x'y'z'$。如果浮体仅有慢漂运动，那么 $Oxyz$ 坐标系和 $O'x'y'z'$ 坐标系就重合了；如果浮体没有慢漂运动，$Oxyz$ 坐标系就成为空间固定的惯性坐标系。我们将在 $Oxyz$ 坐标系里进行动力分析。

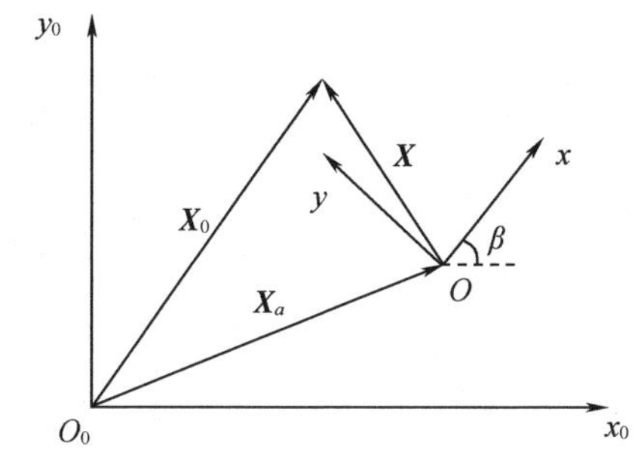

图 1-2　空间固定坐标系和慢漂坐标系的定义

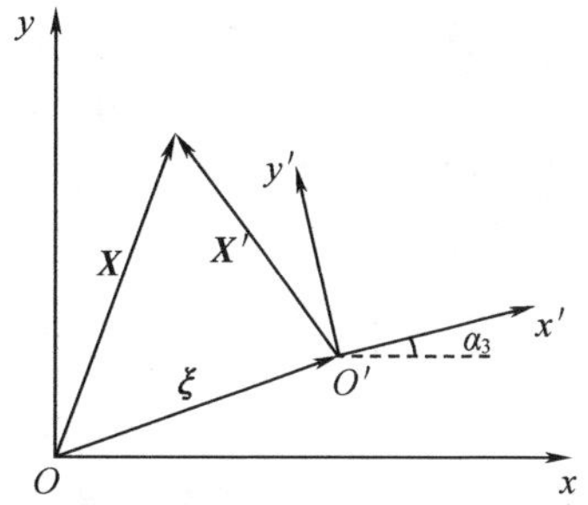

图 1-3　慢漂坐标系和随体坐标系的定义

用 $\boldsymbol{X}$ 表示 $Oxyz$ 坐标系里的向量，$\boldsymbol{X}'$ 表示 $O'x'y'z'$ 坐标系里的向量，有

$$\boldsymbol{X}=\boldsymbol{\xi}+\boldsymbol{D}\boldsymbol{X}' \tag{1.4.2}$$

$\boldsymbol{\xi}$ 表示波频运动的线位移，$\boldsymbol{\alpha}$ 表示波频运动的角位移，变换矩阵 $\boldsymbol{D}$ 为

$$\boldsymbol{D}=\begin{bmatrix}\cos\alpha_3\cos\alpha_2 & -\sin\alpha_3\cos\alpha_2 & \sin\alpha_2\\ \sin\alpha_3\cos\alpha_1+\cos\alpha_3\sin\alpha_2\sin\alpha_1 & \cos\alpha_3\cos\alpha_1-\sin\alpha_3\sin\alpha_2\sin\alpha_1 & -\cos\alpha_2\sin\alpha_1\\ \sin\alpha_3\sin\alpha_1-\cos\alpha_3\sin\alpha_2\cos\alpha_1 & \cos\alpha_3\sin\alpha_1+\sin\alpha_3\sin\alpha_2\cos\alpha_1 & \cos\alpha_2\cos\alpha_1\end{bmatrix} \tag{1.4.3}$$

用 $\boldsymbol{X}_0$ 表示 $O_0x_0y_0z_0$ 坐标系里的向量，$\boldsymbol{X}_0$ 和 $\boldsymbol{X}$ 的关系为

$$\boldsymbol{X}=\boldsymbol{E}(\boldsymbol{X}_0-\boldsymbol{X}_a) \tag{1.4.4}$$

$$\boldsymbol{X}_0=\boldsymbol{X}_a+\boldsymbol{E}^{\mathrm{T}}\boldsymbol{X} \tag{1.4.5}$$

$$\boldsymbol{E}=\begin{bmatrix}\cos\beta & \sin\beta & 0\\ -\sin\beta & \cos\beta & 0\\ 0 & 0 & 1\end{bmatrix} \tag{1.4.6}$$

这里 $\boldsymbol{X}_a(\tau)$ 为由 O_0 到 O 的向量，$\beta(\tau)$ 为 $Oxyz$ 坐标系的旋转角，有

$$\dot{\boldsymbol{E}}^{\mathrm{T}}\boldsymbol{E}\boldsymbol{R}=\dot{\beta}\boldsymbol{k}\times\boldsymbol{R}\quad(\boldsymbol{R}\text{ 为 }O_0x_0y_0z_0\text{ 坐标系里的向量}) \tag{1.4.7}$$

$$\dot{\boldsymbol{E}}\boldsymbol{E}^{\mathrm{T}}\boldsymbol{r} = -\dot{\beta}\boldsymbol{k}\times\boldsymbol{r} \quad (\boldsymbol{r}\text{ 为 }Oxyz\text{ 坐标系里的向量}) \tag{1.4.8}$$

$\boldsymbol{X}_0$ 的时间导数 $\boldsymbol{U}_0$ 为

$$\boldsymbol{U}_0 = \dot{\boldsymbol{X}}_0 = \varepsilon\dot{\boldsymbol{X}}_a + \boldsymbol{E}^{\mathrm{T}}\dot{\boldsymbol{X}} + \varepsilon\dot{\beta}\boldsymbol{k}\times(\boldsymbol{X}_0 - \boldsymbol{X}_a) \tag{1.4.9}$$

这里 $\dot{\boldsymbol{X}}_a$ 表示$\frac{\mathrm{d}\boldsymbol{X}_a}{\mathrm{d}\tau}$，$\dot{\beta}$ 表示$\frac{\mathrm{d}\beta}{\mathrm{d}\tau}$。$\boldsymbol{k}$ 是 z(或 z_0)方向的单位向量。如果 $\boldsymbol{n}$ 是 $Oxyz$ 坐标系里的单位法向矢量，它与 $O_0x_0y_0z_0$ 坐标系里的单位法向矢量 $\boldsymbol{n}_0$ 的关系为

$$\boldsymbol{n}_0 = \boldsymbol{E}^{\mathrm{T}}\boldsymbol{n} \tag{1.4.10}$$

我们定义

$$\boldsymbol{U}_a = (\dot{x}_a, \dot{y}_a, 0) = \boldsymbol{E}\dot{\boldsymbol{X}}_a \tag{1.4.11}$$

可以得到 $\boldsymbol{U}_0$ 在 $Oxyz$ 坐标系里的表示为

$$\boldsymbol{U} = \dot{\boldsymbol{X}} + \varepsilon\boldsymbol{U}_a + \varepsilon\dot{\beta}(\boldsymbol{k}\times\boldsymbol{X}) \tag{1.4.12}$$

1.4.2 物面条件和自由面条件

定义速度势

$$\Phi(x_0, y_0, z_0, t) = \phi(x, y, z, t) \tag{1.4.13}$$

速度势梯度间存在下面的关系

$$\nabla\Phi = \boldsymbol{E}^{\mathrm{T}}\nabla\phi \tag{1.4.14}$$

使用链锁法则，可以得到

$$\Phi_t = \phi_t - \varepsilon[\boldsymbol{U}_a + \dot{\beta}(\boldsymbol{k}\times\boldsymbol{X})]\cdot\nabla\phi \tag{1.4.15}$$

两个矢量的点积是标量，这个标量独立于坐标系，故有

$$\Phi_t = \phi_t - \varepsilon[\dot{\boldsymbol{X}}_a + \dot{\beta}\boldsymbol{k}\times(\boldsymbol{X}_0 - \boldsymbol{X}_a)]\cdot\nabla\Phi \tag{1.4.16}$$

浮体湿表面的方程为

$$S_0(x_0, y_0, z_0, t) = S(x, y, z, t) = S'(x', y', z') = 0 \tag{1.4.17}$$

令

$$S_m(x, y, z) = S'(x, y, z) \tag{1.4.18}$$

方程 $S_m(x,y,z)=0$ 给出浮体湿表面在慢漂坐标系的平均位置。浮体的边界条件为

$$\boldsymbol{n}_0\cdot\nabla\Phi = \boldsymbol{n}_0\cdot\boldsymbol{U}_0 \quad (\text{在 } S_0(x_0, y_0, z_0, t) = 0 \text{ 上}) \tag{1.4.19}$$

所以

$$\boldsymbol{n}\cdot\nabla\phi = \boldsymbol{n}\cdot\boldsymbol{U} \quad (\text{在 } S(x, y, z, t) = 0 \text{ 上}) \tag{1.4.20}$$

在 $S_m(x,y,z)=0$ 上有

$$\begin{aligned}&\{\boldsymbol{n}' + \boldsymbol{\alpha}\times\boldsymbol{n}' + \boldsymbol{H}\boldsymbol{n}' + \cdots\}\cdot\{\nabla\phi + [(\boldsymbol{X}-\boldsymbol{X}')\cdot\nabla]\nabla\phi + \cdots\}\\ &= \{\boldsymbol{n}' + \boldsymbol{\alpha}\times\boldsymbol{n}' + \boldsymbol{H}\boldsymbol{n}' + \cdots\}\cdot\{\dot{\boldsymbol{\xi}} + \dot{\boldsymbol{\alpha}}\times\boldsymbol{X}' + \dot{\boldsymbol{H}}\boldsymbol{X}' + \cdots\}\end{aligned} \tag{1.4.21}$$

我们把速度势分解为几部分

$$\phi = \varepsilon\phi_a + \varepsilon\phi_h + \varepsilon^2\phi_2 + \cdots \tag{1.4.22}$$

这里 $\phi_a = \phi_a(x,y,z,\tau)$ 是一阶慢漂势；$\phi_h = \phi_h(x,y,z,t)$ 是一阶波频势；$\phi_2 = \phi_2(x,y,z,t,\tau)$ 是二阶势。注意到 $\phi_{at} = \varepsilon\phi_{a\tau} = O(\varepsilon\phi_a)$，在 $S_m(x,y,z)=0$ 上，下述的边界条件成立：

$$\boldsymbol{n}\cdot\nabla\phi_a=\boldsymbol{n}\cdot[\boldsymbol{U}_a+\dot{\beta}(\boldsymbol{k}\times\boldsymbol{X})] \tag{1.4.23}$$

$$\boldsymbol{n}\cdot\nabla\phi_h=\boldsymbol{n}\cdot(\dot{\boldsymbol{\xi}}^{(1)}+\dot{\boldsymbol{\alpha}}^{(1)}\times\boldsymbol{X}) \tag{1.4.24}$$

$$\begin{aligned}\boldsymbol{n}\cdot\nabla\phi_2=\boldsymbol{n}\cdot\{&(\dot{\boldsymbol{\xi}}^{(2)}+\dot{\boldsymbol{\alpha}}^{(2)}\times\boldsymbol{X})+\dot{\boldsymbol{H}}\boldsymbol{X}+\dot{\beta}\boldsymbol{k}\times(\boldsymbol{\xi}^{(1)}+\boldsymbol{\alpha}^{(1)}\times\boldsymbol{X})-\\&[(\boldsymbol{\xi}^{(1)}+\boldsymbol{\alpha}^{(1)}\times\boldsymbol{X})\cdot\nabla]\nabla(\phi_a+\phi_h)\}+(\boldsymbol{\alpha}^{(1)}\times\boldsymbol{n})\cdot\\&\{[\boldsymbol{U}_a+\dot{\beta}(\boldsymbol{k}\times\boldsymbol{X})]+(\dot{\boldsymbol{\xi}}^{(1)}+\dot{\boldsymbol{\alpha}}^{(1)}\times\boldsymbol{X})-\nabla(\phi_a+\phi_h)\}\end{aligned} \tag{1.4.25}$$

在慢漂运动的平均位置,$\boldsymbol{n}$ 和 $\boldsymbol{n}'$相同,所以在上式中略去了上标的′号。

速度势的时间导数为

$$\Phi_{tt}=\phi_{tt}-2\varepsilon\{\boldsymbol{U}_a+\dot{\beta}(\boldsymbol{k}\times\boldsymbol{X})\}\cdot\nabla\phi_t+O(\varepsilon^3) \tag{1.4.26}$$

$$\nabla\Phi_t=\boldsymbol{E}^{\mathrm{T}}\nabla\phi_t+O(\varepsilon^2) \tag{1.4.27}$$

波高为

$$\eta=-\frac{1}{g}\phi_{ht}+O(\varepsilon^2),z=0 \tag{1.4.28}$$

在 $z=0$ 上,各个速度势需满足的自由面条件为

$$\phi_{az}=0 \tag{1.4.29}$$

$$\phi_{htt}+g\phi_{hz}=0 \tag{1.4.30}$$

$$\phi_{2tt}+g\phi_{2z}=2[\boldsymbol{U}_a+\dot{\beta}(\boldsymbol{k}\times\boldsymbol{X})]\cdot\nabla\phi_{ht}-2\nabla\phi_{ht}\cdot\nabla(\phi_a+\phi_h)+\frac{1}{g}\phi_{ht}\frac{\partial}{\partial z}(\phi_{htt}+g\phi_{az}+g\phi_{hz}) \tag{1.4.31}$$

1.4.3 空间固定坐标系和慢漂坐标系间的力和力矩关系

首先在惯性坐标系 $O_0x_0y_0z_0$ 里列出浮体的动力学方程,然后通过摄动分析,得到浮体在慢漂坐标系 $Oxyz$ 的运动方程。

在空间固定坐标系 $O_0x_0y_0z_0$ 的 $\boldsymbol{F}_0$ 和 $Oxyz$ 坐标系里的力 $\boldsymbol{F}$ 满足下面的关系:

$$\boldsymbol{F}=\boldsymbol{E}\boldsymbol{F}_0=\boldsymbol{E}\iint_{S_0}\boldsymbol{n}_0p\mathrm{d}S=\iint_{S_0}\boldsymbol{E}\boldsymbol{n}_0p\mathrm{d}S=\iint_S\boldsymbol{n}p\mathrm{d}S \tag{1.4.32}$$

这里 S_0 和 S 表示在 $O_0x_0y_0z_0$ 坐标系和 $Oxyz$ 坐标系里的瞬时湿表面。惯性坐标系 $O_0x_0y_0z_0$ 里的力矩 $\boldsymbol{M}_0$ 为

$$\boldsymbol{M}_0=\iint_{S_0}(\boldsymbol{X}_0\times\boldsymbol{n}_0)p\mathrm{d}S \tag{1.4.33}$$

由于

$$\boldsymbol{X}_0\times\boldsymbol{n}_0=(\boldsymbol{X}_a+\boldsymbol{E}^{\mathrm{T}}\boldsymbol{X})\times(\boldsymbol{E}^{\mathrm{T}}\boldsymbol{n})=\boldsymbol{E}^{\mathrm{T}}(\boldsymbol{E}\boldsymbol{X}_a\times\boldsymbol{n})+\boldsymbol{E}^{\mathrm{T}}(\boldsymbol{X}\times\boldsymbol{n}) \tag{1.4.34}$$

$$\boldsymbol{E}\boldsymbol{M}_0=\iint_S[(\boldsymbol{E}\boldsymbol{X}_a\times\boldsymbol{n})+(\boldsymbol{X}\times\boldsymbol{n})]p\mathrm{d}S=\boldsymbol{E}\boldsymbol{X}_a\times\boldsymbol{F}+\boldsymbol{M} \tag{1.4.35}$$

其中,$\boldsymbol{M}$ 为 $Oxyz$ 坐标系里的力矩

$$\boldsymbol{M}=\iint_S(\boldsymbol{X}\times\boldsymbol{n})p\mathrm{d}S \tag{1.4.36}$$

故

$$\boldsymbol{M}_0=\boldsymbol{X}_a\times\boldsymbol{F}_0+\boldsymbol{E}^{\mathrm{T}}\boldsymbol{M} \tag{1.4.37}$$

1.4.4 压力积分

压力 p 为

$$P(x,y,z,t) = -\rho\left\{gz + \Phi_t + \frac{1}{2}|\nabla\Phi|^2\right\} = -\rho\left\{gz + \phi_t - \varepsilon[\boldsymbol{U}_a + \dot{\beta}(\boldsymbol{k}\times\boldsymbol{X})]\cdot\nabla\phi + \frac{1}{2}|\nabla\phi|^2\right\} \tag{1.4.38}$$

将法向 $\boldsymbol{n}$ 和压力 p 在平均湿表面 S_m 上展开，代入式(1.4.32)和式(1.4.36)，可以得到一阶力 $\boldsymbol{F}^{(1)}$、一阶力矩 $\boldsymbol{M}^{(1)}$、二阶力 $\boldsymbol{F}^{(2)}$、二阶力矩 $\boldsymbol{M}^{(2)}$，这里

$$\boldsymbol{F}^{(1)} = -\rho\iint_{S_m}\phi_{ht}\boldsymbol{n}\mathrm{d}S - \rho g A_{\mathrm{WP}}(\xi_3^{(1)} + \alpha_1^{(1)}y_{\mathrm{F}} - \alpha_2^{(1)}x_{\mathrm{F}})\boldsymbol{k} \tag{1.4.39}$$

$$\begin{aligned}\boldsymbol{M}^{(1)} = & -\rho\iint_{S_m}(\boldsymbol{X}\times\boldsymbol{n})\phi_{ht}\mathrm{d}S - \rho g[-V\xi_2^{(1)} + A_{\mathrm{WP}}y_{\mathrm{F}}\xi_3^{(1)} + (Vz_{\mathrm{B}} + L_{22})\alpha_1^{(1)} - L_{12}\alpha_2^{(1)} - \\ & Vx_{\mathrm{B}}\alpha_3^{(1)}]\boldsymbol{i} - \rho g[V\xi_1^{(1)} - A_{\mathrm{WP}}x_{\mathrm{F}}\xi_3^{(1)} - L_{12}\alpha_1^{(1)} + (Vz_{\mathrm{B}} + L_{11})\alpha_2^{(1)} - Vy_{\mathrm{B}}\alpha_3^{(1)}]\boldsymbol{j}\end{aligned} \tag{1.4.40}$$

$$\boldsymbol{F}^{(2)} = \boldsymbol{F}_p + \boldsymbol{F}_q - \rho g A_{\mathrm{WP}}(\xi_3^{(2)} + \alpha_1^{(2)}y_{\mathrm{F}} - \alpha_2^{(2)}x_{\mathrm{F}})\boldsymbol{k} \tag{1.4.41}$$

$$\boldsymbol{F}_p = -\rho\iint_{S_m}(\phi_{a\tau} + \phi_{2t})\boldsymbol{n}\mathrm{d}S \tag{1.4.42}$$

$$\begin{aligned}\boldsymbol{F}_q = & \frac{1}{2}\rho g\int_{\mathrm{WL}}[\eta^{(1)} - (\xi_3^{(1)} + \alpha_1^{(1)}y - \alpha_2^{(1)}x)]^2\boldsymbol{n}/\sqrt{1-n_3^2}\,\mathrm{d}l - \rho\iint_{S_m}\left\{\frac{1}{2}|\nabla(\phi_a + \phi_h)|^2 + \right.\\ & \left.(\boldsymbol{\xi}^{(1)} + \boldsymbol{\alpha}^{(1)}\times\boldsymbol{X})\cdot\nabla\phi_{ht} - [\boldsymbol{U}_a + \dot{\boldsymbol{\beta}}(\boldsymbol{k}\times\boldsymbol{X})]\cdot\nabla(\phi_a + \phi_h)\right\}\boldsymbol{n}\mathrm{d}\boldsymbol{S} + \boldsymbol{\alpha}^{(1)}\times\boldsymbol{F}^{(1)} - \\ & \rho g A_{\mathrm{WP}}(\alpha_1^{(1)}\alpha_3^{(1)}x_{\mathrm{F}} + \alpha_2^{(1)}\alpha_3^{(1)}y_{\mathrm{F}})\boldsymbol{k}\end{aligned} \tag{1.4.43}$$

$$\begin{aligned}\boldsymbol{M}^{(2)} = & \boldsymbol{M}_p + \boldsymbol{M}_q - \rho g[-V\xi_2^{(2)} + A_{\mathrm{WP}}y_{\mathrm{F}}\xi_3^{(2)} + (Vz_{\mathrm{B}} + L_{22})\alpha_1^{(2)} - L_{12}\alpha_2^{(2)} - Vx_{\mathrm{B}}\alpha_3^{(2)}]\boldsymbol{i} - \\ & \rho g[V\xi_1^{(2)} - A_{\mathrm{WP}}x_{\mathrm{F}}\xi_3^{(2)} - L_{12}\alpha_1^{(2)} + (Vz_{\mathrm{B}} + L_{11})\alpha_2^{(2)} - Vy_{\mathrm{B}}\alpha_3^{(2)}]\boldsymbol{j}\end{aligned} \tag{1.4.44}$$

$$\boldsymbol{M}_p = -\rho\iint_{S_m}(\boldsymbol{X}\times\boldsymbol{n})(\phi_{a\tau} + \phi_{2t})\mathrm{d}S \tag{1.4.45}$$

$$\begin{aligned}\boldsymbol{M}_q = & \frac{1}{2}\rho g\int_{\mathrm{WL}}[\eta^{(1)} - (\xi_3^{(1)} + \alpha_1^{(1)}y - \alpha_2^{(1)}x)]^2(\boldsymbol{X}\times\boldsymbol{n})/\sqrt{1-n_3^2}\,\mathrm{d}l - \\ & \rho\iint_{S_m}\left[\frac{1}{2}|\nabla(\phi_a + \phi_h)|^2 + (\boldsymbol{\xi}^{(1)} + \boldsymbol{\alpha}^{(1)}\times\boldsymbol{X})\cdot\nabla\phi_{ht} - [\boldsymbol{U}_a + \dot{\beta}(\boldsymbol{k}\times\boldsymbol{X})]\cdot\nabla(\phi_a + \phi_h)\right](\boldsymbol{X}\times \\ & \boldsymbol{n})\mathrm{d}S + \boldsymbol{\xi}^{(1)}\times\boldsymbol{F}^{(1)} + \boldsymbol{\alpha}^{(1)}\times\boldsymbol{M}^{(1)} + \rho g\left\{-V\xi_1^{(1)}\alpha_3^{(1)} + V\alpha_1^{(1)}\alpha_2^{(1)}x_B - \right.\\ & \left.V\alpha_2^{(1)}\alpha_3^{(1)}z_{\mathrm{B}} - \frac{1}{2}V[(\alpha_1^{(1)})^2 - (\alpha_3^{(1)})^2]y_{\mathrm{B}} - \alpha_1^{(1)}\alpha_3^{(1)}L_{12} - \alpha_2^{(1)}\alpha_3^{(1)}L_{22}\right\}\boldsymbol{i} + \\ & \rho g\left\{-V\xi_2^{(1)}\alpha_3^{(1)} + V\alpha_1^{(1)}\alpha_3^{(1)}z_B + \frac{1}{2}V[(\alpha_2^{(1)})^2 - (\alpha_3^{(1)})^2]x_{\mathrm{B}} + \alpha_1^{(1)}\alpha_3^{(1)}L_{11} + \right.\\ & \left.\alpha_2^{(1)}\alpha_3^{(1)}L_{12}\right\}\boldsymbol{j} + \rho g(V\xi_1^{(1)}\alpha_1^{(1)} + V\xi_2^{(1)}\alpha_2^{(1)} + V\alpha_2^{(1)}\alpha_3^{(1)}x_{\mathrm{B}} - V\alpha_1^{(1)}\alpha_3^{(1)}y_{\mathrm{B}})\boldsymbol{k}\end{aligned} \tag{1.4.46}$$

1.4.5 一阶和二阶运动方程

由牛顿定律

$$\boldsymbol{F}_0 = m\ddot{\boldsymbol{X}}_{0G} \tag{1.4.47}$$

这里 $\boldsymbol{X}_{0G}$是惯性坐标系 $O_0x_0y_0z_0$ 里的质心 G 位置矢量,则

$$\dot{\boldsymbol{X}}_{0G} = \varepsilon\dot{\boldsymbol{X}}_a + \boldsymbol{E}^{\mathrm{T}}\dot{\boldsymbol{X}}_G + \varepsilon\dot{\beta}\boldsymbol{k}\times(\boldsymbol{X}_{0G}-\boldsymbol{X}_a) = \varepsilon\dot{\boldsymbol{X}}_a + \boldsymbol{E}^{\mathrm{T}}\dot{\boldsymbol{X}}_G + \varepsilon\dot{\beta}\boldsymbol{E}^{\mathrm{T}}(\boldsymbol{k}\times\boldsymbol{X}_G) \tag{1.4.48}$$

其中,$\boldsymbol{X}_G$ 是慢漂坐标系 $Oxyz$ 里的质心 G 位置矢量。由

$$\dot{\boldsymbol{X}}_a = \boldsymbol{E}^{\mathrm{T}}\boldsymbol{U}_a \tag{1.4.49}$$

则

$$\ddot{\boldsymbol{X}}_{0G} = \boldsymbol{E}^{\mathrm{T}}[\ddot{\boldsymbol{X}}_G + \varepsilon^2\dot{\boldsymbol{U}}_a + \varepsilon^2\dot{\beta}(\boldsymbol{k}\times\boldsymbol{U}_a) + \varepsilon^2\ddot{\beta}(\boldsymbol{k}\times\boldsymbol{X}_G) + 2\varepsilon\dot{\beta}(\boldsymbol{k}\times\dot{\boldsymbol{X}}_G) + \varepsilon^2\dot{\beta}^2\boldsymbol{k}\times(\boldsymbol{k}\times\boldsymbol{X}_G)] \tag{1.4.50}$$

$\boldsymbol{X}_G$ 和 $\boldsymbol{X}'_G$的关系为

$$\boldsymbol{X}_G = \boldsymbol{\xi} + \boldsymbol{D}\boldsymbol{X}'_G \tag{1.4.51}$$

对线位移和角位移进行展开,保留到二阶,则有

$$\boldsymbol{\xi} = \varepsilon\boldsymbol{\xi}^{(1)} + \varepsilon^2\boldsymbol{\xi}^{(2)} + O(\varepsilon^3) \tag{1.4.52}$$

$$\boldsymbol{\alpha} = \varepsilon\boldsymbol{\alpha}^{(1)} + \varepsilon^2\boldsymbol{\alpha}^{(2)} + O(\varepsilon^3) \tag{1.4.53}$$

则

$$\boldsymbol{X}_G = \boldsymbol{X}'_G + \boldsymbol{\xi}^{(1)} + \boldsymbol{\alpha}^{(1)}\times\boldsymbol{X}'_G + \boldsymbol{H}\boldsymbol{X}'_G + \boldsymbol{\xi}^{(2)} + \boldsymbol{\alpha}^{(2)}\times\boldsymbol{X}'_G + O(\varepsilon^3) \tag{1.4.54}$$

$$\dot{\boldsymbol{X}}_G = \dot{\boldsymbol{\xi}}^{(1)} + \dot{\boldsymbol{\alpha}}^{(1)}\times\boldsymbol{X}'_G + \dot{\boldsymbol{H}}\boldsymbol{X}'_G + \dot{\boldsymbol{\xi}}^{(2)} + \dot{\boldsymbol{\alpha}}^{(2)}\times\boldsymbol{X}'_G + \cdots \tag{1.4.55}$$

$$\ddot{\boldsymbol{X}}_G = \ddot{\boldsymbol{\xi}}^{(1)} + \ddot{\boldsymbol{\alpha}}^{(1)}\times\boldsymbol{X}'_G + \ddot{\boldsymbol{H}}\boldsymbol{X}'_G + \ddot{\boldsymbol{\xi}}^{(2)} + \ddot{\boldsymbol{\alpha}}^{(2)}\times\boldsymbol{X}'_G + \cdots \tag{1.4.56}$$

得到一阶和二阶平动运动方程

$$m(\ddot{\boldsymbol{\xi}}^{(1)} + \ddot{\boldsymbol{\alpha}}^{(1)}\times\boldsymbol{X}'_G) = \boldsymbol{F}^{(1)} \tag{1.4.57}$$

$$\begin{aligned} & m[\ddot{\boldsymbol{\xi}}^{(2)} + \ddot{\boldsymbol{\alpha}}^{(2)}\times\boldsymbol{X}'_G + \dot{\boldsymbol{U}}_a + \ddot{\beta}(\boldsymbol{k}\times\boldsymbol{X}'_G) + \dot{\boldsymbol{\beta}}(\boldsymbol{k}\times\boldsymbol{U}_a) + \dot{\beta}^2\boldsymbol{k}\times(\boldsymbol{k}\times\boldsymbol{X}'_G)] \\ &= \boldsymbol{F}^{(2)} - m[\ddot{\boldsymbol{H}}\boldsymbol{X}'_G + 2\dot{\beta}\boldsymbol{k}\times(\dot{\boldsymbol{\xi}}^{(1)} + \dot{\boldsymbol{\alpha}}^{(1)}\times\boldsymbol{X}'_G)] \end{aligned} \tag{1.4.58}$$

由牛顿定律

$$\boldsymbol{M}_0 = \frac{\mathrm{d}\boldsymbol{K}_0}{\mathrm{d}t} \tag{1.4.59}$$

其中,$\boldsymbol{K}_0$ 是惯性坐标系 $O_0x_0y_0z_0$ 里浮体关于原点 O_0 的角动量。$\boldsymbol{K}_{0G}$是 $O_0x_0y_0z_0$ 坐标系里关于质心 G 的角动量,有

$$\boldsymbol{K}_{0G} = \iiint_{V_0}\mu[(\boldsymbol{X}_0 - \boldsymbol{X}_{0G})\times(\dot{\boldsymbol{X}}_0 - \dot{\boldsymbol{X}}_{0G})]\mathrm{d}V \tag{1.4.60}$$

则

$$\boldsymbol{K}_0 = \boldsymbol{K}_{0G} + m(\boldsymbol{X}_{0G}\times\dot{\boldsymbol{X}}_{0G}) \tag{1.4.61}$$

$$\frac{\mathrm{d}\boldsymbol{K}_0}{\mathrm{d}t} = \frac{\mathrm{d}\boldsymbol{K}_{0G}}{\mathrm{d}t} + m(\boldsymbol{X}_{0G}\times\ddot{\boldsymbol{X}}_{0G}) \tag{1.4.62}$$

$\boldsymbol{K}_G$ 是 $Oxyz$ 坐标系里关于质心 G 的角动量,则

$$\boldsymbol{K}_G = \boldsymbol{E}\boldsymbol{K}_{0G} = \iiint_{V'}\mu\{(\boldsymbol{X}-\boldsymbol{X}_G)\times(\dot{\boldsymbol{X}}-\dot{\boldsymbol{X}}_G) + \varepsilon\dot{\beta}(\boldsymbol{X}-\boldsymbol{X}_G)\times[\boldsymbol{k}\times(\boldsymbol{X}-\boldsymbol{X}_G)]\}\mathrm{d}V \tag{1.4.63}$$

其中，μ 是浮体的质量密度。

$O'x'y'z'$坐标系里质心 G 的矢径为 $\boldsymbol{X}'_G$，$\boldsymbol{K}'_G$是 $O'x'y'z'$坐标系里关于质心 G 的角动量，则

$$\boldsymbol{K}'_G = \boldsymbol{D}^{\mathrm{T}}\boldsymbol{K}_G = \iiint_{V'} \mu\{(\boldsymbol{X}' - \boldsymbol{X}'_G) \times [(\boldsymbol{\omega}' + \varepsilon\dot{\beta}\boldsymbol{D}^{\mathrm{T}}\boldsymbol{k}) \times (\boldsymbol{X}' - \boldsymbol{X}'_G)]\}\mathrm{d}\boldsymbol{V} \tag{1.4.64}$$

其中，$\boldsymbol{\omega}'$是波频运动的角速度，有

$$\boldsymbol{\omega}' = \begin{bmatrix} \dot{\alpha}_1\cos\alpha_2\cos\alpha_3 + \dot{\alpha}_2\sin\alpha_3 \\ -\dot{\alpha}_1\cos\alpha_2\sin\alpha_3 + \dot{\alpha}_2\cos\alpha_3 \\ \dot{\alpha}_1\sin\alpha_2 + \dot{\alpha}_3 \end{bmatrix} \tag{1.4.65}$$

$\boldsymbol{\Omega}'$是 $O'x'y'z'$坐标系里的角速度，有

$$\boldsymbol{\Omega}' = \boldsymbol{\omega}' + \varepsilon\dot{\beta}\boldsymbol{D}^{\mathrm{T}}\boldsymbol{k} \tag{1.4.66}$$

则

$$\boldsymbol{K}'_G = \iiint_{V'} \mu\{(\boldsymbol{X}' - \boldsymbol{X}'_G) \times [\boldsymbol{\Omega}' \times (\boldsymbol{X}' - \boldsymbol{X}'_G)]\}\mathrm{d}V = \boldsymbol{I}_G\boldsymbol{\Omega}' \tag{1.4.67}$$

其中，$\boldsymbol{I}_G = [I_{Gij}]$是 $O'x'y'z'$坐标系中关于质心 G 的惯性矩矩阵，有

$$I_{Gij} = \iiint_{V'} \mu\{[(x' - x'_G)^2 + (y' - y'_G)^2 + (z' - z'_G)^2]\delta_{ij} - (x'_i - x'_{Gi})(x'_j - x'_{Gj})\}\mathrm{d}V \tag{1.4.68}$$

则

$$\boldsymbol{K}_{0G} = \boldsymbol{E}^{\mathrm{T}}\boldsymbol{D}\boldsymbol{I}_G\boldsymbol{\Omega}' \tag{1.4.69}$$

$$\begin{aligned}\frac{\mathrm{d}\boldsymbol{K}_{0G}}{\mathrm{d}t} &= \boldsymbol{E}^{\mathrm{T}}\boldsymbol{D}\boldsymbol{I}_G\dot{\boldsymbol{\Omega}}' + \boldsymbol{\Omega} \times \boldsymbol{K}_{0G} = \boldsymbol{E}^{\mathrm{T}}\boldsymbol{D}(\boldsymbol{I}_G\dot{\boldsymbol{\Omega}}' + \boldsymbol{\Omega}' \times \boldsymbol{I}_G\boldsymbol{\Omega}') = \frac{\mathrm{d}\boldsymbol{K}_0}{\mathrm{d}t} - m(\boldsymbol{X}_{0G} \times \ddot{\boldsymbol{X}}_{0G}) \\ &= \boldsymbol{E}^{\mathrm{T}}\boldsymbol{M} + \boldsymbol{X}_a \times \boldsymbol{F}_0 - m(\boldsymbol{X}_{0G} \times \ddot{\boldsymbol{X}}_{0G})\end{aligned} \tag{1.4.70}$$

由于

$$-m(\boldsymbol{X}_{0G} \times \ddot{\boldsymbol{X}}_{0G}) + \boldsymbol{X}_a \times \boldsymbol{F}_0 = -(\boldsymbol{X}_{0G} - \boldsymbol{X}_a) \times \boldsymbol{F}_0 = -(\boldsymbol{E}^{\mathrm{T}}\boldsymbol{X}_G) \times (\boldsymbol{E}^{\mathrm{T}}\boldsymbol{F}) = -\boldsymbol{E}^{\mathrm{T}}(\boldsymbol{X}_G \times \boldsymbol{F}) \tag{1.4.71}$$

故

$$\boldsymbol{I}_G\dot{\boldsymbol{\Omega}}' + \boldsymbol{\Omega}' \times \boldsymbol{I}_G\boldsymbol{\Omega}' = \boldsymbol{D}^{\mathrm{T}}(\boldsymbol{M} - \boldsymbol{X}_G \times \boldsymbol{F}) \tag{1.4.72}$$

对角速度 $\boldsymbol{\omega}'$进行摄动展开，保留到二阶，有

$$\boldsymbol{\omega}' = \varepsilon\begin{bmatrix} \dot{\alpha}_1^{(1)} \\ \dot{\alpha}_2^{(1)} \\ \dot{\alpha}_3^{(1)} \end{bmatrix} + \varepsilon^2\begin{bmatrix} \dot{\alpha}_1^{(2)} + \dot{\alpha}_2^{(1)}\alpha_3^{(1)} \\ \dot{\alpha}_2^{(2)} - \dot{\alpha}_1^{(1)}\alpha_3^{(1)} \\ \dot{\alpha}_3^{(2)} + \dot{\alpha}_1^{(1)}\alpha_2^{(1)} \end{bmatrix} + O(\varepsilon^3) = \varepsilon\overline{\boldsymbol{\omega}}^{(1)} + \varepsilon^2\overline{\boldsymbol{\omega}}^{(2)} + O(\varepsilon^3) \tag{1.4.73}$$

注意到

$$\boldsymbol{D}^{\mathrm{T}}\boldsymbol{k} = \boldsymbol{k} - \boldsymbol{\alpha}^{(1)} \times \boldsymbol{k} + O(\varepsilon^2) \tag{1.4.74}$$

利用上述表达式，有

$$\boldsymbol{\Omega}' = \varepsilon(\overline{\boldsymbol{\omega}}^{(1)} + \dot{\beta}\boldsymbol{k}) + O(\varepsilon^2) \tag{1.4.75}$$

$$\dot{\boldsymbol{\Omega}}' = \varepsilon(\dot{\overline{\boldsymbol{\omega}}}^{(1)}) + \varepsilon^2[\dot{\overline{\boldsymbol{\omega}}}^{(2)} + \ddot{\beta}\boldsymbol{k} - \dot{\beta}(\overline{\boldsymbol{\omega}}^{(1)} \times \boldsymbol{k})] + O(\varepsilon^3) \tag{1.4.76}$$

可以得到一阶和二阶旋转运动方程

$$\boldsymbol{I}_G\dot{\overline{\boldsymbol{\omega}}}^{(1)}=\boldsymbol{M}^{(1)}-\boldsymbol{X}'_G\times\boldsymbol{F}^{(1)} \tag{1.4.77}$$

$$\begin{aligned}\boldsymbol{I}_G\dot{\overline{\boldsymbol{\omega}}}^{(2)}+\boldsymbol{I}_G\ddot{\beta}\boldsymbol{k}-\boldsymbol{I}_G\dot{\beta}(\dot{\boldsymbol{\alpha}}^{(1)}\times\boldsymbol{k})=&\boldsymbol{M}^{(2)}-\boldsymbol{X}'_G\times\boldsymbol{F}^{(2)}-\boldsymbol{\alpha}^{(1)}\times\boldsymbol{M}^{(1)}+\boldsymbol{X}'_G\times(\boldsymbol{\alpha}^{(1)}\times\boldsymbol{F}^{(1)})-\\&(\boldsymbol{\xi}^{(1)}\times\boldsymbol{F}^{(1)})-(\overline{\boldsymbol{\omega}}^{(1)}+\dot{\beta}\boldsymbol{k})\times\boldsymbol{I}_G(\overline{\boldsymbol{\omega}}^{(1)}+\dot{\beta}\boldsymbol{k})\end{aligned} \tag{1.4.78}$$

二阶平动方程和旋转运动方程都是关于 β 的非线性方程。

1.4.6 慢漂运动方程

M. S. Triantafyllou 等证明快变量和慢变量的乘积不包含慢变部分。用 $S\{\}$ 表示慢变量，可以得到慢漂方程如下：

$$m\{\dot{\boldsymbol{U}}_a+\ddot{\beta}(\boldsymbol{k}\times\boldsymbol{X}'_G)+\dot{\beta}(\boldsymbol{k}\times\boldsymbol{U}_a)+\dot{\beta}^2\boldsymbol{k}\times(\boldsymbol{k}\times\boldsymbol{X}'_G)\}=S\{\boldsymbol{F}^{(2)}-m\ddot{\boldsymbol{H}}\boldsymbol{X}'_G\} \tag{1.4.79}$$

$$\begin{aligned}\boldsymbol{I}_G\ddot{\beta}\boldsymbol{k}+\dot{\beta}^2\boldsymbol{k}\times\boldsymbol{I}_G\boldsymbol{k}=S\{&\boldsymbol{M}^{(2)}-\boldsymbol{X}'_G\times\boldsymbol{F}^{(2)}-\boldsymbol{\alpha}^{(1)}\times\boldsymbol{M}^{(1)}+\boldsymbol{X}'_G\times(\boldsymbol{\alpha}^{(1)}\times\boldsymbol{F}^{(1)})-\\&(\boldsymbol{\xi}^{(1)}\times\boldsymbol{F}^{(1)})-\dot{\boldsymbol{\alpha}}^{(1)}\times\boldsymbol{I}_G\dot{\boldsymbol{\alpha}}^{(1)}-\boldsymbol{I}_G(\dot{\overline{\boldsymbol{\omega}}}^{(2)}-\ddot{\boldsymbol{\alpha}}^{(2)})\}\end{aligned} \tag{1.4.80}$$

1.5 低航速运动分析

参考坐标系 $Oxyz$ 以航速 U 固定于浮体上，x 轴指向浮体前进的方向，z 轴垂直向上，$z=0$ 为静水面。速度势为

$$\Phi(x,y,z,t)=U(\overline{\phi}-x)+\mathrm{Re}\{\phi\mathrm{e}^{\mathrm{i}\omega t}\} \tag{1.5.1}$$

这里 ω 为遭遇频率，$\omega=\omega_0-k_0U\cos\beta$，其中 ω_0 为入射波频率，k_0 为波数，β 为入射波角；且 $k_0\tanh k_0h=\omega_0^2/g$，其中，$h$ 为水深。浮体平均湿表面为 S_B。

$\overline{\phi}$ 为定常叠模势，满足的边界条件为

$$\overline{\phi}_z|_{z=0}=0,\quad \overline{\phi}_n|_{S_\mathrm{B}}=\boldsymbol{n}_1 \tag{1.5.2}$$

其中，$\overline{\phi}_z$、$\overline{\phi}_n$ 是 $\overline{\phi}$ 关于 z 和 n 的导数，法向 $\boldsymbol{n}=(\boldsymbol{n}_1,\boldsymbol{n}_2,\boldsymbol{n}_3)$ 指向流体。

定义 Strouhal 数 $\tau=U\omega/g$，精确到 $O(\tau)$ 阶，ϕ 的自由面条件为

$$\left(-v-2\mathrm{i}\tau\frac{\partial}{\partial x}+\frac{\partial}{\partial z}\right)\phi+2\mathrm{i}\tau\nabla\overline{\phi}\nabla\phi-\mathrm{i}\tau\overline{\phi}_{zz}\phi=0 \tag{1.5.3}$$

其中，$v=\omega^2/g$。物面条件为

$$\phi_n=V_n \tag{1.5.4}$$

对于散射问题，有

$$V_n=0 \tag{1.5.5}$$

对于辐射问题，有

$$V_n=\mathrm{i}\omega\sum_{j=1}^{6}\xi_j(n_j+\mathrm{i}\tau m_j/v),\quad j=1,2,\cdots,6 \tag{1.5.6}$$

这里 $(\boldsymbol{n}_4,\boldsymbol{n}_5,\boldsymbol{n}_6)=\boldsymbol{X}\times\boldsymbol{n}$，$(\boldsymbol{m}_1,\boldsymbol{m}_2,\boldsymbol{m}_3)=-(\boldsymbol{n}\cdot\nabla)\boldsymbol{w}$，$(\boldsymbol{m}_4,\boldsymbol{m}_5,\boldsymbol{m}_6)=-(\boldsymbol{n}\cdot\nabla)(\boldsymbol{X}\times\boldsymbol{w})$，$\boldsymbol{w}=\nabla(\overline{\phi}-x)$，$\xi_j(j=1,2,\cdots,6)$ 为浮体的六自由度运动幅值。

对速度势 ϕ 做下面的分解，有

$$\phi = \phi_I + \phi_L + \tau\phi_N \tag{1.5.7}$$

这里 ϕ_I 为入射波势，ϕ_N 考虑定常势和自由面的相互作用，速度势 ϕ_L 满足齐次自由面条件，有

$$\left(-v - 2\mathrm{i}\tau\frac{\partial}{\partial x} + \frac{\partial}{\partial z}\right)\phi_L = 0 \tag{1.5.8}$$

令

$$\phi_L = \phi_{LS} + \mathrm{i}\omega\sum_{j=1}^{6}\xi_j\phi_{LR}^j \tag{1.5.9}$$

散射势 ϕ_{LS}的物面条件为

$$\frac{\partial\phi_{LS}}{\partial n} = -\frac{\partial\phi_I}{\partial n} \tag{1.5.10}$$

辐射势 ϕ_{LR}^j的物面条件为

$$\frac{\partial\phi_{LR}^j}{\partial n} = n_j \tag{1.5.11}$$

相互作用势 ϕ_N 满足非齐次自由面条件，有

$$\left(-v - 2\mathrm{i}\tau\frac{\partial}{\partial x} + \frac{\partial}{\partial z}\right)\phi_N = Q \tag{1.5.12}$$

其中

$$Q = -2\mathrm{i}\,\nabla\bar{\phi}(\phi_I + \phi_L) + \mathrm{i}\,\bar{\phi}_{zz}(\phi_I + \phi_L) \tag{1.5.13}$$

令

$$\phi_N = \phi_{NS} + \mathrm{i}\omega\sum_{j=1}^{6}\xi_j\phi_{NR}^j \tag{1.5.14}$$

对于散射问题，物面条件为

$$\frac{\partial\phi_{NS}}{\partial n} = 0 \tag{1.5.15}$$

对于辐射问题，物面条件为

$$\frac{\partial\phi_{NR}^j}{\partial n} = \frac{\mathrm{i}m_j}{v} \tag{1.5.16}$$

叠模流格林函数 $G_z(\boldsymbol{X};\boldsymbol{\xi})$为

$$\Delta G_z = \delta(\boldsymbol{X} - \boldsymbol{\xi}), 0 \geqslant z \geqslant -h \tag{1.5.17}$$

$$\frac{\partial G_z}{\partial z} = 0,\quad z = 0 \tag{1.5.18}$$

$$\frac{\partial G_z}{\partial z} = 0,\quad z = -h \tag{1.5.19}$$

$$G_z \to 0,\quad R \to \infty \tag{1.5.20}$$

低航速频域格林函数 $G_v(\boldsymbol{X};\boldsymbol{\xi})$的控制方程和边界条件为

$$\Delta G_v = \delta(\boldsymbol{X} - \boldsymbol{\xi}),\quad 0 \geqslant z \geqslant -h \tag{1.5.21}$$

$$-vG_v - 2\mathrm{i}\tau\frac{\partial G_v}{\partial x} + \frac{\partial G_v}{\partial z} = 0,\quad z = 0 \tag{1.5.22}$$

$$\frac{\partial G_v}{\partial z}=0, \quad z=-h \tag{1.5.23}$$

$$G_v \to \frac{f(\xi,\theta,z)}{\sqrt{kR}} e^{-ikR(1+2\tau\partial k/\partial v\cos\theta)}, \quad R\to\infty \tag{1.5.24}$$

这里 R 表示场点到源点的水平距离，$k\tanh kh=v$。

使用格林函数 $G_z(\boldsymbol{X};\boldsymbol{\xi})$，定常势 $\bar{\phi}$ 满足的积分方程为

$$\bar{\phi}=\iint_{S_B}\bar{\sigma}G_z\mathrm{d}S \tag{1.5.25}$$

$$2\pi\bar{\sigma}+\iint_{S_B}\bar{\sigma}\frac{\partial G_z}{\partial n}\mathrm{d}S=n_1, \quad \text{场点在 } S_B \text{ 上} \tag{1.5.26}$$

在取得 $\bar{\sigma}$ 后，可以得到 $\bar{\phi}_x$ 和 $\bar{\phi}_y$。$\bar{\phi}_x$ 和 $\bar{\phi}_y$ 与 $\bar{\phi}$ 一样，满足相同的控制方程和边界条件，故可以表示为

$$\iint_{S_B}\sigma_{1,2}G_z\mathrm{d}S=\bar{\phi}_{x,y} \tag{1.5.27}$$

可以得到6个二阶导数，即

$$\bar{\phi}_{xx,xy,xz}=\iint_{S_B}\sigma_1\frac{\partial G_z}{\partial x,y,z}\mathrm{d}S \tag{1.5.28}$$

$$\bar{\phi}_{yy,yz}=\iint_{S_B}\sigma_2\frac{\partial G_z}{\partial y,z}\mathrm{d}S \tag{1.5.29}$$

$$\bar{\phi}_{zz}=-\bar{\phi}_{xx}-\bar{\phi}_{yy}=-\iint_{S_B}\left(\sigma_1\frac{\partial}{\partial x}+\sigma_2\frac{\partial}{\partial y}\right)G_z\mathrm{d}S \tag{1.5.30}$$

m 项为

$$m_1=-(\bar{\phi}_{xx}n_1+\bar{\phi}_{xy}n_2+\bar{\phi}_{xz}n_3) \tag{1.5.31}$$

$$m_2=-(\bar{\phi}_{xy}n_1+\bar{\phi}_{yy}n_2+\bar{\phi}_{yz}n_3) \tag{1.5.32}$$

$$m_3=-(\bar{\phi}_{xz}n_1+\bar{\phi}_{yz}n_2+\bar{\phi}_{zz}n_3) \tag{1.5.33}$$

$$m_4=ym_3-zm_2-\bar{\phi}_z n_2+\bar{\phi}_y n_3 \tag{1.5.34}$$

$$m_5=zm_1-xm_3-(\bar{\phi}_x-1)n_3+\bar{\phi}_z n_1 \tag{1.5.35}$$

$$m_6=xm_2-ym_1-\bar{\phi}_y n_1+(\bar{\phi}_x-1)n_2 \tag{1.5.36}$$

使用三维低航速频域格林函数 $G_v(\boldsymbol{X};\xi)$，可以得到如下的方程：

$$\phi_{LS}=\iint_{S_B}\sigma_{LS}G_v\mathrm{d}S \tag{1.5.37}$$

$$2\pi\sigma_{LS}+\iint_{S_B}\sigma_{LS}\frac{\partial G_v}{\partial n}\mathrm{d}S=-\frac{\partial\phi_I}{\partial n}, \quad \text{场点在 } S_B \text{ 上} \tag{1.5.38}$$

$$\phi_{LR}^j=\iint_{S_B}\sigma_{LR}^j G_v\mathrm{d}S \tag{1.5.39}$$

$$2\pi\sigma_{LR}^j+\iint_{S_B}\sigma_{LR}^j\frac{\partial G_v}{\partial n}\mathrm{d}S=n_j, \quad \text{场点在 } S_B \text{ 上} \tag{1.5.40}$$

$$\phi_{NS}=\iint_{S_B}\sigma_{NS}G_v\mathrm{d}S-\iint_{S_F}QG_v\mathrm{d}S \tag{1.5.41}$$

$$2\pi\sigma_{NS}+\iint_{S_B}\sigma_{NS}\frac{\partial G_v}{\partial n}\mathrm{d}S=\iint_{S_F}Q\frac{\partial G_v}{\partial n}\mathrm{d}S,\quad \text{场点在 } S_B \text{ 上} \tag{1.5.42}$$

$$\phi_{NR}^j=\iint_{S_B}\sigma_{NR}^j G_v\mathrm{d}S-\iint_{S_F}QG_v\mathrm{d}S \tag{1.5.43}$$

$$2\pi\sigma_{NR}^j+\iint_{S_B}\sigma_{NR}^j\frac{\partial G_v}{\partial n}\mathrm{d}S=\frac{\mathrm{i}m_j}{v}+\iint_{S_F}Q\frac{\partial G_v}{\partial n}\mathrm{d}S,\quad \text{场点在 } S_B \text{ 上} \tag{1.5.44}$$

流场中压力为

$$p=-\rho[gz+\mathrm{i}\omega(\phi_I+\phi_L+\tau\phi_N)+U\nabla(\overline{\phi}-x)\cdot\nabla(\phi_I+\phi_L)] \tag{1.5.45}$$

在浮体平均湿表面 S_B 上积分,可以得到散射力为

$$F_j=F_j^L+\tau F_j^N=F_j^1+\tau(F_j^2+F_j^N) \tag{1.5.46}$$

其中

$$F_j^1=-\mathrm{i}\rho\omega\iint_{S_B}(\phi_I+\phi_{LS})n_j\mathrm{d}S \tag{1.5.47}$$

$$F_j^2=-\rho(g/\omega)\iint_{S_B}\nabla(\overline{\phi}-x)\nabla(\phi_I+\phi_{LS})n_j\mathrm{d}S \tag{1.5.48}$$

$$F_j^N=-\mathrm{i}\rho\omega\iint_{S_B}\phi_{NS}n_j\mathrm{d}S \tag{1.5.49}$$

辐射力为

$$R_j=\sum_{j=1}^{6}\xi_k(R_{jk}^L+\tau R_{jk}^N)=\sum_{j=1}^{6}\xi_k(R_{jk}^1+\tau R_{jk}^2+\tau R_{jk}^N) \tag{1.5.50}$$

其中

$$R_{jk}^1=\rho\omega^2\iint_{S_B}\phi_{LR}^j n_k\mathrm{d}S \tag{1.5.51}$$

$$R_{jk}^2=-\mathrm{i}\rho g\iint_{S_B}\nabla(\overline{\phi}-x)\nabla\phi_{LR}^j n_k\mathrm{d}S \tag{1.5.52}$$

$$R_{jk}^N=\rho\omega^2\iint_{S_B}\phi_{NR}^j n_k\mathrm{d}S \tag{1.5.53}$$

自由面波高为

$$\eta=-\frac{1}{g}[\mathrm{i}\omega(\phi_I+\phi_L+\tau\phi_N)+U\nabla(\overline{\phi}-x)\cdot\nabla(\phi_I+\phi_L)] \tag{1.5.54}$$

第 2 章　海洋工程水波动力学势流理论的数值计算技术

本章介绍海洋工程水波动力学势流理论数值实现涉及的关键技术，包括有限水深波数的计算、二阶频域散射势边界积分方程中物面积分和自由面积分的计算、几何对称性在一阶和二阶频域速度势计算中的应用、平面四边形面元分布面源及偶极的诱导速度计算、三维零航速无限水深和有限水深频域格林函数的行为分析、有限水深镜像源格林函数的计算、三维无限水深和有限水深时域格林函数的计算、三维低航速频域格林函数、Cummins 方程的解法、GMRES 方法和 PFFT 方法。

2.1　有限水深波数的计算

有限水深的色散关系为

$$k\tanh kh = v, v = \omega^2/g \tag{2.1.1}$$

其中，ω 为波浪频率；g 为重力加速度；h 为水深；k 为波数。

方程(2.1.1)有两个实根 $\pm k_0$ 和无穷多个虚根 $\pm \mathrm{i}k_n(n=1,2,\cdots)$，$k_n$ 满足下面的式子：

$$k_n\tan k_nh = -v \tag{2.1.2}$$

2.1.1　实波数的计算

引进如下无量纲数

$$x=\omega^2h/g,\quad y=k_0h \tag{2.1.3}$$

式(2.1.1)化为

$$x=y\tanh y \tag{2.1.4}$$

当 $0<x\leqslant 2$ 时，可以取 y 的初始值为

$$y_0 = \sqrt{x/\sum_{n=0}^{\infty}a_nx^n} \tag{2.1.5}$$

这里 $a_0=1, a_1=-\dfrac{1}{3}, a_2=\dfrac{1}{45}, a_3=\dfrac{1}{189}, a_4=\dfrac{11}{14\ 175}$。

当 $2<x\leqslant\infty$ 时，可以取 y 的初始值为

$$y_0 = x\left[1+2\sum_{n=1}^{\infty}P_n(x)\mathrm{e}^{-2nx}\right] \tag{2.1.6}$$

这里 $P_1=1, P_2=1-4x, P_3=1-12x+24x^2, P_4=1-24x+128x^2-\dfrac{512}{3}x^3$。

在得到上述初始值后，可以使用高阶牛顿法得到实波数的高精度值，即

$$y_{n+1}=y_n-\frac{f(y_n)}{f'(y_n)}\left\{1+\frac{1}{2}\frac{f(y_n)f''(y_n)}{[f'(y_n)]^2}\right\} \tag{2.1.7}$$

其中

$$f(y)=\frac{1}{2}\log\left(\frac{y+x}{y-x}\right)-y \tag{2.1.8}$$

$$f'(y)=-\frac{x}{y^2-x^2}-1 \tag{2.1.9}$$

$$f''(y)=\frac{2xy}{(y^2-x^2)^2} \tag{2.1.10}$$

2.1.2 虚波数的计算

虚波数满足的方程为式(2.1.2),如式(2.1.3)一样进行无量纲比,这里 $y=k_nh$,式(2.1.2)变为

$$x+y\tan y=0 \tag{2.1.11}$$

第 n 个根为

$$y_n=\pi n-\delta_n \tag{2.1.12}$$

其中,$0<\delta_n<\frac{\pi}{2}$。δ_n 的初值取为

$$\delta_n^0=\frac{\pi}{2}\tanh\left(\frac{2x}{n\pi^2}\right) \tag{2.1.13}$$

可以使用高阶牛顿法式(2.1.7),得到 δ_n 的高精度值,这时

$$f(\delta)=\tan^{-1}\left(\frac{x}{y}\right)-\delta \tag{2.1.14}$$

$$f'(\delta)=\frac{x}{y^2+x^2}-1 \tag{2.1.15}$$

$$f''(\delta)=\frac{2xy}{(y^2+x^2)^2} \tag{2.1.16}$$

2.2 二阶频域散射势边界积分方程中物面积分和自由面积分的计算

二阶频域散射势满足的边界积分方程为

$$2\pi\phi_{ijS}^{\pm}(\boldsymbol{X})+\iint_{S_B}\phi_{ijS}^{\pm}(\boldsymbol{\xi})\frac{\partial G(\boldsymbol{X};\boldsymbol{\xi})}{\partial n_{\xi}}\mathrm{d}S=\iint_{S_B}Q_B^{\pm}(\boldsymbol{\xi})G(\boldsymbol{X};\boldsymbol{\xi})\mathrm{d}S+\frac{1}{g}\iint_{S_F}Q_F^{\pm}(\boldsymbol{\xi})G(\boldsymbol{X};\boldsymbol{\xi})\mathrm{d}S \tag{2.2.1}$$

这里 $G(\boldsymbol{X};\boldsymbol{\xi})$ 是三维频域自由面格林函数。物面条件 $Q_B^{\pm}(\boldsymbol{\xi})$ 包含速度势的二阶导数,使用 Stokes 公式进行降阶处理,有

$$\begin{aligned}&\iint_{S_B}\mathrm{d}SG\{\boldsymbol{n}\cdot[(\boldsymbol{\xi}_j^{(1)}+\boldsymbol{\alpha}_j^{(1)}\times\boldsymbol{X})\cdot\nabla]\nabla\phi_i^{(1)}\}\\=&\iint_{S_B}\mathrm{d}S[\boldsymbol{n}\cdot(\boldsymbol{\xi}_j^{(1)}+\boldsymbol{\alpha}_j^{(1)}\times\boldsymbol{X})](\nabla\phi_i^{(1)}\cdot\nabla G)+\\&\iint_{S_B}\mathrm{d}SG\{\boldsymbol{n}\cdot[(\nabla\phi_i^{(1)}\cdot\nabla)(\boldsymbol{\xi}_j^{(1)}+\boldsymbol{\alpha}_j^{(1)}\times\boldsymbol{X})]\}-\end{aligned}$$

$$\iint_{S_B} \mathrm{d}S \frac{\partial \phi_i^{(1)}}{\partial n}[(\boldsymbol{\xi}_j^{(1)} + \boldsymbol{\alpha}_j^{(1)} \times \boldsymbol{X}) \cdot \nabla G] + \int_{\mathrm{WL}} \mathrm{d}\boldsymbol{l} \cdot G[\nabla \phi_i^{(1)} \times (\boldsymbol{\xi}_j^{(1)} + \boldsymbol{\alpha}_j^{(1)} \times \boldsymbol{X})] \tag{2.2.2}$$

自由面积分的范围由水线沿径向简单地截断将产生很大的误差。用一个半径为 b 的大圆 C_b 将浮体水线包裹在内,将自由面划分为两部分。在 C_b 内的自由面区域 S_{FI}上,为避免二阶导数的计算,使用 Gauss 公式得到

$$\iint_{S_{FI}} \phi_i^{(1)} \frac{\partial^2 \phi_j^{(1)}}{\partial z^2} G \mathrm{d}S = -\int_{\mathrm{WL}+C_b} \phi_i^{(1)} (\nabla \phi_j^{(1)} \cdot \boldsymbol{n}) G \mathrm{d}\boldsymbol{l} + \iint_{S_{FI}} [(\nabla \phi_i^{(1)} \cdot \nabla \phi_j^{(1)}) G + \phi_i^{(1)} (\nabla \phi_j^{(1)} \cdot \nabla G)] \mathrm{d}S \tag{2.2.3}$$

在 C_b 外,令 $x=\rho\cos\theta, y=\rho\sin\theta, \xi=\rho'\cos\theta', \eta=\rho'\sin\theta', \phi_{jB}^{(1)}=\phi_{jR}^{(1)}+\phi_{jS}^{(1)}$,将一阶入射波势 $\phi_{jI}^{(1)}$、格林函数 $G(\boldsymbol{X};\boldsymbol{\xi})$、一阶扰动势 $\phi_{jB}^{(1)}$ 展开成 Fourier - Bessel 级数(傅里叶 - 贝塞尔级数)的形式,有

$$\phi_{jI}^{(1)} = Z(k_j z) \sum_{n=0}^{\infty} \mathrm{J}_n(k_j \rho)[A_{jn}^c \cos n\theta + A_{jn}^s \sin n\theta] \tag{2.2.4}$$

$$G(\boldsymbol{x};\boldsymbol{\xi}) \approx 2\pi \mathrm{i} c Z(kz) Z(k\zeta) \sum_{n=0}^{\infty} \epsilon_n H_n^{(2)}(k\rho) \mathrm{J}_n(k\rho') \cos n(\theta - \theta') \tag{2.2.5}$$

$$\phi_{jB}^{(1)} \approx Z(kz) \sum_{n=0} H_n^{(2)}(k\rho)(B_n^c \cos n\theta + B_n^s \sin n\theta) \tag{2.2.6}$$

这里 $\epsilon_0=1, \epsilon_n=2(n\geqslant 1)$,$k$ 代表波数 k_i 或 k_j,有

$$\begin{pmatrix} A_{jn}^c \\ A_{jn}^s \end{pmatrix} = \frac{\mathrm{i} g A_j}{\omega_j} \epsilon_n (-\mathrm{i})^n \begin{pmatrix} \cos n\beta_j \\ \sin n\beta_j \end{pmatrix} \tag{2.2.7}$$

$$c = \frac{-k^2}{k^2 h - v^2 h + v} \tag{2.2.8}$$

$$\begin{pmatrix} B_n^c \\ B_n^s \end{pmatrix} = 2\pi \mathrm{i} c \epsilon_n \iint_{S_B} \sigma(\boldsymbol{\xi}) Z(k\zeta) \mathrm{J}_n(k\rho') \begin{pmatrix} \cos n\theta' \\ \sin n\theta \end{pmatrix} \mathrm{d}S \tag{2.2.9}$$

如果以源 - 偶极公式求速度势 $\phi_{jB}^{(1)}$,则 $\sigma = \frac{1}{4\pi}\left(\frac{\partial \phi_{jB}^{(1)}}{\partial n} - \phi_{jB}^{(1)} \frac{\partial}{\partial n}\right)\bigg|_{S_B}$;如果以源公式求速度势 $\phi_{jB}^{(1)}$,则 σ 是源密度。

自由面条件项 $Q_F^{\pm}$ 中存在一阶入射波势 $\phi_{iI}^{(1)}$ 和一阶扰动势 $\phi_{jB}^{(1)}$、一阶入射波势 $\phi_{jI}^{(1)}$ 和一阶扰动势 $\phi_{iB}^{(1)}$、一阶扰动势 $\phi_{iB}^{(1)}$ 和一阶扰动势 $\phi_{jB}^{(1)}$ 间的作用。首先考虑 $Q_F^{\pm}$ 沿周向的积分。一阶扰动势间的相互作用项 $Q_{B_iB_j}^{+}$为

$$\begin{aligned} Q_{B_iB_j}^{+} = \frac{\mathrm{i}}{4} \sum_{l=0}^{\infty} \sum_{m=0}^{\infty} \{ & [\omega_i(k_j^2 - v_j^2) + \omega_j(k_i^2 - v_i^2) - 2(\omega_i + \omega_j) v_i v_j] H_l^{(2)}(k_i\rho) H_m^{(2)}(k_j\rho) \cdot \\ & (B_{il}^c \cos l\theta + B_{il}^s \sin l\theta)(B_{jm}^c \cos m\theta + B_{jm}^s \sin m\theta) - 2(\omega_i + \omega_j) k_i k_j H_l^{(2)\prime}(k_i\rho) \cdot \\ & H_m^{(2)\prime}(k_j\rho)(B_{il}^c \cos l\theta + B_{il}^s \sin l\theta)(B_{jm}^c \cos m\theta + B_{jm}^s \sin m\theta) - 2(\omega_i + \omega_j) \frac{lm}{\rho^2} \cdot \\ & H_l^{(2)}(k_i\rho) H_m^{(2)}(k_j\rho)(B_{il}^s \cos l\theta - B_{il}^c \sin l\theta)(B_{jm}^s \cos m\theta - B_{jm}^c \sin m\theta) \} \end{aligned} \tag{2.2.10}$$

这里 H'表示 Hankel 函数(汉克尔函数)的一阶导数。首先考虑沿周向的积分,有下面的积

分式

$$\int_0^{2\pi}\cos l\theta\cos m\theta\cos n\theta\mathrm{d}\theta = \frac{\pi}{\epsilon_n}[\delta_{n,|l-m|} + \delta_{n,l+m}] \equiv \lambda_{lmn}^{+} \tag{2.2.11}$$

$$\int_0^{2\pi}\sin l\theta\sin m\theta\sin n\theta\mathrm{d}\theta = \frac{\pi}{\epsilon_n}[\delta_{n,|l-m|} - \delta_{n,l+m}] \equiv \lambda_{lmn}^{-} \tag{2.2.12}$$

$$\int_0^{2\pi}\cos l\theta\sin m\theta\sin n\theta\mathrm{d}\theta = \frac{\pi}{\epsilon_l}[\delta_{l,|n-m|} - \delta_{l,n+m}] \equiv \lambda_{mnl}^{-} \tag{2.2.13}$$

$$\int_0^{2\pi}\sin l\theta\cos m\theta\sin n\theta\mathrm{d}\theta = \frac{\pi}{\epsilon_m}[\delta_{m,|n-l|} - \delta_{m,n+l}] \equiv \lambda_{nlm}^{-} \tag{2.2.14}$$

这里 $\delta_{mn}=1(m=n)$,$\delta_{mn}=0(m\neq n)$。只有当 $l=m+n$、$m=n+l$、$n=l+m$ 时,因子 λ 非零。故有

$$\begin{aligned}\int_0^{2\pi}Q_{B_iB_j}^{+}\begin{pmatrix}\cos n\theta\\ \sin n\theta\end{pmatrix}\mathrm{d}\theta = \frac{\mathrm{i}}{4}\sum_{l=0}^{\infty}\sum_{m=0}^{\infty}\Bigg\{&[\omega_i(k_j^2-v_j^2)+\omega_j(k_i^2-v_i^2)-2(\omega_i+\omega_j)v_iv_j]H_l^{(2)}(k_i\rho)H_m^{(2)}(k_j\rho)\\ &\begin{pmatrix}B_{il}^cB_{jm}^c\lambda_{lmn}^{+}+B_{il}^sB_{jm}^s\lambda_{lmn}^{-}\\ B_{il}^sB_{jm}^c\lambda_{nlm}^{-}+B_{il}^cB_{jm}^s\lambda_{mnl}^{-}\end{pmatrix}-2(\omega_i+\omega_j)\Big[k_ik_jH_l^{(2)\prime}(k_i\rho)H_m^{(2)\prime}(k_j\rho)\cdot\\ &\begin{pmatrix}B_{il}^cB_{jm}^c\lambda_{lmn}^{+}+B_{il}^sB_{jm}^s\lambda_{lmn}^{-}\\ B_{il}^sB_{jm}^c\lambda_{nlm}^{-}+B_{il}^cB_{jm}^s\lambda_{mnl}^{-}\end{pmatrix}+\frac{lm}{\rho^2}H_l^{(2)}(k_i\rho)H_m^{(2)}(k_j\rho)\cdot\\ &\begin{pmatrix}B_{il}^cB_{jm}^c\lambda_{lmn}^{-}+B_{il}^sB_{jm}^s\lambda_{lmn}^{+}\\ -B_{il}^cB_{jm}^s\lambda_{nlm}^{-}-B_{il}^sB_{jm}^c\lambda_{mnl}^{-}\end{pmatrix}\Big]\Bigg\}\end{aligned} \tag{2.2.15}$$

对 Hankel 函数,存在下面的关系式:

$$H_l^{(2)\prime}(k_i\rho)H_m^{(2)\prime}(k_j\rho)=\frac{1}{4}(H_{l-1}^{(2)}H_{m-1}^{(2)}-H_{l-1}^{(2)}H_{m+1}^{(2)}+H_{l+1}^{(2)}H_{m+1}^{(2)}-H_{l+1}^{(2)}H_{m-1}^{(2)}) \tag{2.2.16}$$

$$H_l^{(2)}(k_i\rho)H_m^{(2)}(k_j\rho)\rho^{-2}=\frac{k_ik_j}{4lm}(H_{l-1}^{(2)}H_{m-1}^{(2)}+H_{l-1}^{(2)}H_{m+1}^{(2)}+H_{l+1}^{(2)}H_{m+1}^{(2)}+H_{l+1}^{(2)}H_{m-1}^{(2)}) \tag{2.2.17}$$

故和频项的积分为

$$\begin{aligned}\int_0^{2\pi}Q_{B_iB_j}^{+}\begin{pmatrix}\cos n\theta\\ \sin n\theta\end{pmatrix}\mathrm{d}\theta = \frac{\mathrm{i}}{4}\sum_{l=0}^{\infty}\sum_{m=0}^{\infty}\Bigg\{&[\omega_i(k_j^2-v_j^2)+\omega_j(k_i^2-v_i^2)-2(\omega_i+\omega_j)v_iv_j]H_l^{(2)}(k_i\rho)H_m^{(2)}(k_j\rho)\\ &\begin{pmatrix}B_{il}^cB_{jm}^c\lambda_{lmn}^{+}+B_{il}^sB_{jm}^s\lambda_{lmn}^{-}\\ B_{il}^sB_{jm}^c\lambda_{nlm}^{-}+B_{il}^cB_{jm}^s\lambda_{mnl}^{-}\end{pmatrix}-\frac{1}{2}(\omega_i+\omega_j)k_ik_j\cdot\\ &[H_{l-1}^{(2)}(k_i\rho)H_{m-1}^{(2)}(k_j\rho)+H_{l+1}^{(2)}(k_i\rho)H_{m+1}^{(2)}(k_j\rho)]\cdot\\ &\begin{bmatrix}(B_{il}^cB_{jm}^c+B_{il}^sB_{jm}^s)(\lambda_{lmn}^{+}+\lambda_{lmn}^{-})\\ (B_{il}^sB_{jm}^c-B_{il}^cB_{jm}^s)(\lambda_{nlm}^{-}-\lambda_{mnl}^{-})\end{bmatrix}+\frac{1}{2}(\omega_i+\omega_j)k_ik_j\cdot\\ &[H_{l-1}^{(2)}(k_i\rho)H_{m+1}^{(2)}(k_j\rho)+H_{l+1}^{(2)}(k_i\rho)H_{m-1}^{(2)}(k_j\rho)]\cdot\\ &\begin{bmatrix}(B_{il}^cB_{jm}^c-B_{il}^sB_{jm}^s)(\lambda_{lmn}^{+}-\lambda_{lmn}^{-})\\ (B_{il}^sB_{jm}^c+B_{il}^cB_{jm}^s)(\lambda_{nlm}^{-}+\lambda_{mnl}^{-})\end{bmatrix}\Bigg\}\end{aligned} \tag{2.2.18}$$

差频项的积分为

$$\int_0^{2\pi}Q_{B_iB_j}^{-}\begin{pmatrix}\cos n\theta\\ \sin n\theta\end{pmatrix}\mathrm{d}\theta = \frac{\mathrm{i}}{4}\sum_{l=0}^{\infty}\sum_{m=0}^{\infty}\Big\{[\omega_i(k_j^2-v_j^2)-\omega_j(k_i^2-v_i^2)-2(\omega_i-\omega_j)v_iv_j]H_l^{(2)}(k_i\rho)H_m^{(1)}(k_j\rho)\cdot$$

$$\begin{pmatrix} B_{il}^{c}B_{jm}^{c*}\lambda_{lmn}^{+} + B_{il}^{s}B_{jm}^{s*}\lambda_{lmn}^{-} \\ B_{il}^{s}B_{jm}^{c*}\lambda_{nlm}^{-} + B_{il}^{c}B_{jm}^{s*}\lambda_{mnl}^{-} \end{pmatrix} - \frac{1}{2}(\omega_i - \omega_j)k_ik_j \cdot$$

$$[H_{l-1}^{(2)}(k_i\rho)H_{m-1}^{(1)}(k_j\rho) + H_{l+1}^{(2)}(k_i\rho)H_{m+1}^{(1)}(k_j\rho)] \cdot$$

$$\begin{bmatrix} (B_{il}^{c}B_{jm}^{c*} + B_{il}^{s}B_{jm}^{s*})(\lambda_{lmn}^{+} + \lambda_{lmn}^{-}) \\ (B_{il}^{s}B_{jm}^{c*} - B_{il}^{c}B_{jm}^{s*})(\lambda_{nlm}^{-} - \lambda_{mnl}^{-}) \end{bmatrix} + \frac{1}{2}(\omega_i - \omega_j)k_ik_j \cdot$$

$$[H_{l-1}^{(2)}(k_i\rho)H_{m+1}^{(1)}(k_j\rho) + H_{l+1}^{(2)}(k_i\rho)H_{m-1}^{(1)}(k_j\rho)] \cdot$$

$$\left.\begin{bmatrix} (B_{il}^{c}B_{jm}^{c*} - B_{il}^{s}B_{jm}^{s*})(\lambda_{lmn}^{+} - \lambda_{lmn}^{-}) \\ (B_{il}^{s}B_{jm}^{c*} + B_{il}^{c}B_{jm}^{s*})(\lambda_{nlm}^{-} + \lambda_{mnl}^{-}) \end{bmatrix}\right\} \tag{2.2.19}$$

定义因子

$$\Omega_{ij}^{\pm} = \omega_i(k_j^2 - v_j^2) \pm \omega_j(k_i^2 - v_i^2) - 2(\omega_i \pm \omega_j)v_iv_j \tag{2.2.20}$$

$$\Lambda_{ij}^{\pm} = (\omega_i \pm \omega_j)k_ik_j \tag{2.2.21}$$

可以得到

$$\begin{aligned}\int_0^{2\pi} Q_{B_iB_j}^{+}\begin{pmatrix}\cos n\theta \\ \sin n\theta\end{pmatrix}\mathrm{d}\theta = \frac{\mathrm{i}}{8}\sum_{l=0}^{\infty}\sum_{m=0}^{\infty}\Bigg(&\{\Omega_{ij}^{+}H_l^{(2)}(k_i\rho)H_m^{(2)}(k_j\rho) - \Lambda_{ij}^{+}[H_{l-1}^{(2)}(k_i\rho)H_{m-1}^{(2)}(k_j\rho) + \\ &H_{l+1}^{(2)}(k_i\rho)H_{m+1}^{(2)}(k_j\rho)]\}\begin{bmatrix} (B_{il}^{c}B_{jm}^{c} + B_{il}^{s}B_{jm}^{s})(\lambda_{lmn}^{+} + \lambda_{lmn}^{-}) \\ (B_{il}^{s}B_{jm}^{c} - B_{il}^{c}B_{jm}^{s})(\lambda_{nlm}^{-} - \lambda_{mnl}^{-}) \end{bmatrix} + \\ &\{\Omega_{ij}^{+}H_l^{(2)}(k_i\rho)H_m^{(2)}(k_j\rho) + \Lambda_{ij}^{+}[H_{l-1}^{(2)}(k_i\rho)H_{m+1}^{(2)}(k_j\rho) + H_{l+1}^{(2)}(k_i\rho) \cdot \\ &H_{m-1}^{(2)}(k_j\rho)]\}\begin{bmatrix} (B_{il}^{c}B_{jm}^{c} - B_{il}^{s}B_{jm}^{s})(\lambda_{lmn}^{+} - \lambda_{lmn}^{-}) \\ (B_{il}^{s}B_{jm}^{c} + B_{il}^{c}B_{jm}^{s})(\lambda_{nlm}^{-} + \lambda_{mnl}^{-}) \end{bmatrix}\Bigg)\end{aligned} \tag{2.2.22}$$

$$\begin{aligned}\int_0^{2\pi} Q_{B_iB_j}^{-}\begin{pmatrix}\cos n\theta \\ \sin n\theta\end{pmatrix}\mathrm{d}\theta = \frac{\mathrm{i}}{8}\sum_{l=0}^{\infty}\sum_{m=0}^{\infty}\Bigg(&\{\Omega_{ij}^{-}H_l^{(2)}(k_i\rho)H_m^{(1)}(k_j\rho) - \Lambda_{ij}^{-}[H_{l-1}^{(2)}(k_i\rho)H_{m-1}^{(1)}(k_j\rho) + \\ &H_{l+1}^{(2)}(k_i\rho)H_{m+1}^{(1)}(k_j\rho)]\}\begin{bmatrix} (B_{il}^{c}B_{jm}^{c*} + B_{il}^{s}B_{jm}^{s*})(\lambda_{lmn}^{+} + \lambda_{lmn}^{-}) \\ (B_{il}^{s}B_{jm}^{c*} - B_{il}^{c}B_{jm}^{s*})(\lambda_{nlm}^{-} - \lambda_{mnl}^{-}) \end{bmatrix} + \\ &\{\Omega_{ij}^{-}H_l^{(2)}(k_i\rho)H_m^{(1)}(k_j\rho) + \Lambda_{ij}^{-}[H_{l-1}^{(2)}(k_i\rho)H_{m+1}^{(1)}(k_j\rho) + H_{l+1}^{(2)}(k_i\rho) \cdot \\ &H_{m-1}^{(1)}(k_j\rho)]\}\begin{bmatrix} (B_{il}^{c}B_{jm}^{c*} - B_{il}^{s}B_{jm}^{s*})(\lambda_{lmn}^{+} - \lambda_{lmn}^{-}) \\ (B_{il}^{s}B_{jm}^{c*} + B_{il}^{c}B_{jm}^{s*})(\lambda_{nlm}^{-} + \lambda_{mnl}^{-}) \end{bmatrix}\Bigg)\end{aligned} \tag{2.2.23}$$

对一阶入射波势 $\phi_{iI}^{(1)}$ 和一阶扰动势 $\phi_{jB}^{(1)}$、一阶入射波势 $\phi_{iI}^{(1)}$ 和一阶扰动势 $\phi_{iB}^{(1)}$ 间的相互作用，可以得到与式(2.2.22)和式(2.2.23)类似的公式。

现在进行 $Q_F^{\pm}$ 的径向积分。对如下的积分进行变换，有

$$\int_b^{\infty} H_l^{(2)}(k_i\rho)H_m^{(1,2)}(k_j\rho)H_n^{(2)}(k_k\rho)\rho\mathrm{d}\rho = b^2\int_1^{\infty} H_l^{(2)}(k_ibx)H_m^{(1,2)}(k_jbx)H_n^{(2)}(k_kbx)x\mathrm{d}x \tag{2.2.24}$$

在自由面的远场积分中，共包含下列三种径向积分

$$\mathcal{F}_{lmn}^{(1,2)}(\alpha,\beta,\gamma) = \int_1^{\infty} H_l^{(2)}(\alpha x)H_m^{(1,2)}(\beta x)H_n^{(2)}(\gamma x)x\mathrm{d}x \tag{2.2.25}$$

$$\mathcal{G}_{lmn}^{(1,2)}(\alpha,\beta,\gamma) = \int_1^{\infty} \mathcal{J}_l(\alpha x) H_m^{(1,2)}(\beta x) H_n^{(2)}(\gamma x) x \mathrm{d}x \tag{2.2.26}$$

$$\mathcal{H}_{lmn}^{(1,2)}(\alpha,\beta,\gamma) = \int_1^{\infty} H_l^{(2)}(\alpha x) \mathcal{J}_m(\beta x) H_n^{(2)}(\gamma x) x \mathrm{d}x \tag{2.2.27}$$

故有

$$\begin{aligned}
&\int_b^{\infty} H_n^{(2)}(k_k\rho)\rho\mathrm{d}\rho\int_0^{2\pi} Q_F^{+}(\rho,\theta)\begin{pmatrix}\cos n\theta\\ \sin n\theta\end{pmatrix}\mathrm{d}\theta \\
&= \frac{\mathrm{i}}{8}b^2\sum_{l=0}^{\infty}\sum_{m=0}^{\infty}\Bigg(\Big\{\Omega_{ij}^{+}\mathcal{F}_{l,m,n}^{(2)}(k_ib,k_jb,k_kb) - \Lambda_{ij}^{+}[\mathcal{F}_{l-1,m-1,n}^{(2)}(k_ib,k_jb,k_kb) + \mathcal{F}_{l+1,m+1,n}^{(2)} \cdot \\
&(k_ib,k_jb,k_kb)]\Big\}\begin{bmatrix}(B_{il}^{c}B_{jm}^{c} + B_{il}^{s}B_{jm}^{s})(\lambda_{lmn}^{+} + \lambda_{lmn}^{-})\\ (B_{il}^{s}B_{jm}^{c} - B_{il}^{c}B_{jm}^{s})(\lambda_{nlm}^{-} - \lambda_{mnl}^{-})\end{bmatrix} + \{\Omega_{ij}^{+}\mathcal{F}_{l,m,n}^{(2)}(k_ib,k_jb,k_kb) + \\
&\Lambda_{ij}^{+}[\mathcal{F}_{l-1,m+1,n}^{(2)}(k_ib,k_jb,k_kb) + \mathcal{F}_{l+1,m-1,n}^{(2)}(k_ib,k_jb,k_kb)]\}\begin{bmatrix}(B_{il}^{c}B_{jm}^{c} - B_{il}^{s}B_{jm}^{s})(\lambda_{lmn}^{+} - \lambda_{lmn}^{-})\\ (B_{il}^{s}B_{jm}^{c} + B_{il}^{c}B_{jm}^{s})(\lambda_{nlm}^{-} + \lambda_{mnl}^{-})\end{bmatrix} + \\
&\{\Omega_{ij}^{+}\mathcal{G}_{l,m,n}^{(2)}(k_ib,k_jb,k_kb) - \Lambda_{ij}^{+}[\mathcal{G}_{l-1,m-1,n}^{(2)}(k_ib,k_jb,k_kb) + \mathcal{G}_{l+1,m+1,n}^{(2)}(k_ib,k_jb,k_kb)]\} \cdot \\
&\begin{bmatrix}(A_{il}^{c}B_{jm}^{c} + A_{il}^{s}B_{jm}^{s})(\lambda_{lmn}^{+} + \lambda_{lmn}^{-})\\ (A_{il}^{s}B_{jm}^{c} - A_{il}^{c}B_{jm}^{s})(\lambda_{nlm}^{-} - \lambda_{mnl}^{-})\end{bmatrix} + \{\Omega_{ij}^{+}\mathcal{G}_{l,m,n}^{(2)}(k_ib,k_jb,k_kb) + \Lambda_{ij}^{+}[\mathcal{G}_{l-1,m+1,n}^{(2)}(k_ib,k_jb,k_kb) + \\
&\mathcal{G}_{l+1,m-1,n}^{(2)}(k_ib,k_jb,k_kb)]\}\begin{bmatrix}(A_{il}^{c}B_{jm}^{c} - A_{il}^{s}B_{jm}^{s})(\lambda_{lmn}^{+} - \lambda_{lmn}^{-})\\ (A_{il}^{s}B_{jm}^{c} + A_{il}^{c}B_{jm}^{s})(\lambda_{nlm}^{-} + \lambda_{mnl}^{-})\end{bmatrix} + \{\Omega_{ij}^{+}\mathcal{H}_{l,m,n}^{(2)}(k_ib,k_jb,k_kb) - \\
&\Lambda_{ij}^{+}[\mathcal{H}_{l-1,m-1,n}^{(2)}(k_ib,k_jb,k_kb) + \mathcal{H}_{l+1,m+1,n}^{(2)}(k_ib,k_jb,k_kb)]\}\begin{bmatrix}(B_{il}^{c}A_{jm}^{c} + B_{il}^{s}A_{jm}^{s})(\lambda_{lmn}^{+} + \lambda_{lmn}^{-})\\ (B_{il}^{s}A_{jm}^{c} - B_{il}^{c}A_{jm}^{s})(\lambda_{nlm}^{-} - \lambda_{mnl}^{-})\end{bmatrix} + \\
&\{\Omega_{ij}^{+}\mathcal{H}_{l,m,n}^{(2)}(k_ib,k_jb,k_kb) + \Lambda_{ij}^{+}[\mathcal{H}_{l-1,m+1,n}^{(2)}(k_ib,k_jb,k_kb) + \mathcal{H}_{l+1,m-1,n}^{(2)}(k_ib,k_jb,k_kb)]\} \cdot \\
&\begin{bmatrix}(B_{il}^{c}A_{jm}^{c} - B_{il}^{s}A_{jm}^{s})(\lambda_{lmn}^{+} - \lambda_{lmn}^{-})\\ (B_{il}^{s}A_{jm}^{c} + B_{il}^{c}A_{jm}^{s})(\lambda_{nlm}^{-} + \lambda_{mnl}^{-})\end{bmatrix}\Bigg)
\end{aligned} \tag{2.2.28}$$

$$\begin{aligned}
&\int_b^{\infty} H_n^{(2)}(k_k\rho)\rho\mathrm{d}\rho\int_0^{2\pi} Q_F^{-}(\rho,\theta)\begin{pmatrix}\cos n\theta\\ \sin n\theta\end{pmatrix}\mathrm{d}\theta \\
&= \frac{\mathrm{i}}{8}b^2\sum_{l=0}^{\infty}\sum_{m=0}^{\infty}\Bigg(\{\Omega_{ij}^{-}\mathcal{F}_{l,m,n}^{(1)}(k_ib,k_jb,k_kb) - \Lambda_{ij}^{-}[\mathcal{F}_{l-1,m-1,n}^{(1)}(k_ib,k_jb,k_kb) + \mathcal{F}_{l+1,m+1,n}^{(1)} \cdot \\
&(k_ib,k_jb,k_kb)]\}\begin{bmatrix}(B_{il}^{c}B_{jm}^{*c} + B_{il}^{s}B_{jm}^{*s})(\lambda_{lmn}^{+} + \lambda_{lmn}^{-})\\ (B_{il}^{s}B_{jm}^{*c} - B_{il}^{c}B_{jm}^{*s})(\lambda_{nlm}^{-} - \lambda_{mnl}^{-})\end{bmatrix} + \{\Omega_{ij}^{-}\mathcal{F}_{l,m,n}^{(1)}(k_ib,k_jb,k_kb) + \\
&\Lambda_{ij}^{-}[\mathcal{F}_{l-1,m+1,n}^{(1)}(k_ib,k_jb,k_kb) + \mathcal{F}_{l+1,m-1,n}^{(1)}(k_ib,k_jb,k_kb)]\}\begin{bmatrix}(B_{il}^{c}B_{jm}^{*c} - B_{il}^{s}B_{jm}^{*s})(\lambda_{lmn}^{+} - \lambda_{lmn}^{-})\\ (B_{il}^{s}B_{jm}^{*c} + B_{il}^{c}B_{jm}^{*s})(\lambda_{nlm}^{-} + \lambda_{mnl}^{-})\end{bmatrix} + \\
&\{\Omega_{ij}^{-}\mathcal{G}_{l,m,n}^{(1)}(k_ib,k_jb,k_kb) - \Lambda_{ij}^{-}[\mathcal{G}_{l-1,m-1,n}^{(1)}(k_ib,k_jb,k_kb) + \mathcal{G}_{l+1,m+1,n}^{(1)}(k_ib,k_jb,k_kb)]\} \cdot \\
&\begin{bmatrix}(A_{il}^{c}B_{jm}^{*c} + A_{il}^{s}B_{jm}^{*s})(\lambda_{lmn}^{+} + \lambda_{lmn}^{-})\\ (A_{il}^{s}B_{jm}^{*c} - A_{il}^{c}B_{jm}^{*s})(\lambda_{nlm}^{-} - \lambda_{mnl}^{-})\end{bmatrix} + \{\Omega_{ij}^{-}\mathcal{G}_{l,m,n}^{(1)}(k_ib,k_jb,k_kb) + \Lambda_{ij}^{-}[\mathcal{G}_{l-1,m+1,n}^{(1)}(k_ib,k_jb,k_kb) +
\end{aligned}$$

$$\mathcal{G}_{l+1,m-1,n}^{(1)}(k_ib,k_jb,k_kb)]\}\begin{bmatrix}(A_{il}^cB_{jm}^{*c}-A_{il}^sB_{jm}^{*s})(\lambda_{lmn}^+-\lambda_{lmn}^-)\\(A_{il}^sB_{jm}^{*c}+A_{il}^cB_{jm}^{*s})(\lambda_{nlm}^-+\lambda_{mnl}^-)\end{bmatrix}+\{\Omega_{ij}^-\mathcal{H}_{l,m,n}^{(1)}(k_ib,k_jb,k_kb)-$$

$$\Lambda_{ij}^-[\mathcal{H}_{l-1,m-1,n}^{(1)}(k_ib,k_jb,k_kb)+\mathcal{H}_{l+1,m+1,n}^{(1)}(k_ib,k_jb,k_kb)]\}\begin{bmatrix}(B_{il}^cA_{jm}^{*c}+B_{il}^sA_{jm}^{*s})(\lambda_{lmn}^++\lambda_{lmn}^-)\\(B_{il}^sA_{jm}^{*c}-B_{il}^cA_{jm}^{*s})(\lambda_{nlm}^--\lambda_{mnl}^-)\end{bmatrix}+$$

$$\left\{\Omega_{ij}^-\mathcal{H}_{l,m,n}^{(1)}(k_ib,k_jb,k_kb)+\Lambda_{ij}^-[\mathcal{H}_{l-1,m+1,n}^{(1)}(k_ib,k_jb,k_kb)+\mathcal{H}_{l+1,m-1,n}^{(1)}(k_ib,k_jb,k_kb)]\right\}\cdot$$

$$\left.\left.\begin{bmatrix}(B_{il}^cA_{jm}^{*c}-B_{il}^sA_{jm}^{*s})(\lambda_{lmn}^+-\lambda_{lmn}^-)\\(B_{il}^sA_{jm}^{*c}+B_{il}^cA_{jm}^{*s})(\lambda_{nlm}^-+\lambda_{mnl}^-)\end{bmatrix}\right]\right) \tag{2.2.29}$$

这里需要考虑一下 λ 的4个值，当 $l=m=n=0$ 时，$\lambda_{000}^+=2\pi$，$\lambda_{000}^-=0$，其他情况下，有

$$\lambda_{lmn}^++\lambda_{lmn}^-=\pi\delta_{l,m+n}+\pi\delta_{m,l+n} \tag{2.2.30}$$

$$\lambda_{nlm}^--\lambda_{mnl}^-=\pi\delta_{l,m+n}-\pi\delta_{m,l+n} \tag{2.2.31}$$

$$\lambda_{lmn}^+-\lambda_{lmn}^-=\pi\delta_{n,l+m} \tag{2.2.32}$$

$$\lambda_{nlm}^-+\lambda_{mnl}^-=\pi\delta_{n,l+m} \tag{2.2.33}$$

只有当 $l=m+n$、$m=n+l$、$n=l+m$ 成立时自由面积分才有值。即当 $l=m+n$ 时，$(\lambda_{lmn}^++\lambda_{lmn}^-)=\pi$，$(\lambda_{nlm}^--\lambda_{mnl}^-)=\pi$，含有 $(\lambda_{lmn}^++\lambda_{lmn}^-)$ 和 $(\lambda_{nlm}^--\lambda_{mnl}^-)$ 的积分项才非零，定义以下函数即可表示该部分：

$$U_{lm}^{(ij)\pm}(\mathcal{F})=\Omega_{ij}^\pm\mathcal{F}_{l,m,l-m}(k_ib,k_jb,k_kb)-\Lambda_{ij}^\pm[\mathcal{F}_{l-1,m-1,l-m}(k_ib,k_jb,k_kb)+\mathcal{F}_{l+1,m+1,l-m}(k_ib,k_jb,k_kb)] \tag{2.2.34}$$

当 $m=n+l$ 时，只有含有 $(\lambda_{lmn}^++\lambda_{lmn}^-)$ 和 $(\lambda_{nlm}^--\lambda_{mnl}^-)$ 的项有值，$(\lambda_{lmn}^++\lambda_{lmn}^-)=\pi$，$(\lambda_{nlm}^--\lambda_{mnl}^-)=-\pi$，定义以下函数即可表示该部分：

$$V_{lm}^{(ij)\pm}(\mathcal{F})=\Omega_{ij}^\pm\mathcal{F}_{l,m,m-l}(k_ib,k_jb,k_kb)-\Lambda_{ij}^\pm[\mathcal{F}_{l-1,m-1,m-l}(k_ib,k_jb,k_kb)+\mathcal{F}_{l+1,m+1,m-l}(k_ib,k_jb,k_kb)] \tag{2.2.35}$$

当 $n=l+m$ 时，只有含有 $(\lambda_{lmn}^+-\lambda_{lmn}^-)$ 和 $(\lambda_{nlm}^-+\lambda_{mnl}^-)$ 的项有值，$(\lambda_{lmn}^+-\lambda_{lmn}^-)=\pi$，$(\lambda_{nlm}^-+\lambda_{mnl}^-)=\pi$，定义以下函数即可表示该部分：

$$W_{lm}^{(ij)\pm}(\mathcal{F})=\Omega_{ij}^\pm\mathcal{F}_{l,m,l+m}(k_ib,k_jb,k_kb)+\Lambda_{ij}^\pm[\mathcal{F}_{l-1,m+1,l+m}(k_ib,k_jb,k_kb)+\mathcal{F}_{l+1,m-1,l+m}(k_ib,k_jb,k_kb)] \tag{2.2.36}$$

故得

$$\int_b^\infty H_n^{(2)}(k_k\rho)\rho\mathrm{d}\rho\int_0^{2\pi}Q_F^+(\rho,\theta)\begin{pmatrix}\cos n\theta\\\sin n\theta\end{pmatrix}\mathrm{d}\theta$$

$$=\frac{\mathrm{i}\pi}{8}b^2\left\{\sum_{l=n}^{M}(1+\delta_{ln})\left\{U_{lm}^{(ij)+}(\mathcal{F}^{(2)})\begin{bmatrix}B_{il}^cB_{jm}^c+B_{il}^sB_{jm}^s\\B_{il}^sB_{jm}^c-B_{il}^cB_{jm}^s\end{bmatrix}+U_{lm}^{(ij)}(\mathcal{G}^{(2)})\begin{bmatrix}A_{il}^cB_{jm}^c+A_{il}^sB_{jm}^s\\A_{il}^sB_{jm}^c-A_{il}^cB_{jm}^s\end{bmatrix}+\right.\right.$$

$$\left.U_{lm}^{(ij)+}(\mathcal{H}^{(2)})\begin{bmatrix}B_{il}^cA_{jm}^c+B_{il}^sA_{jm}^s\\B_{il}^sA_{jm}^c-B_{il}^cA_{jm}^s\end{bmatrix}\right\}_{m=l-n}\pm\sum_{l=0}^{M-n}(1+\delta_{l0})\left\{V_{lm}^{(ij)+}(\mathcal{F}^{(2)})\begin{bmatrix}B_{il}^cB_{jm}^c+B_{il}^sB_{jm}^s\\-B_{il}^sB_{jm}^c+B_{il}^cB_{jm}^s\end{bmatrix}+\right.$$

$$\left.V_{lm}^{(ij)}(\mathcal{G}^{(2)})\begin{bmatrix}A_{il}^cB_{jm}^c+A_{il}^sB_{jm}^s\\-A_{il}^sB_{jm}^c+A_{il}^cB_{jm}^s\end{bmatrix}+V_{lm}^{(ij)+}(\mathcal{H}^{(2)})\begin{bmatrix}B_{il}^cA_{jm}^c+B_{il}^sA_{jm}^s\\-B_{il}^sA_{jm}^c+B_{il}^cA_{jm}^s\end{bmatrix}\right\}_{m=l+n}+$$

$$\sum_{l=1}^{n-1}\left\{W_{lm}^{(ij)+}(\mathcal{F}^{(2)})\begin{bmatrix}B_{il}^{c}B_{jm}^{c}-B_{il}^{s}B_{jm}^{s}\\B_{il}^{s}B_{jm}^{c}+B_{il}^{c}B_{jm}^{s}\end{bmatrix}+W_{lm}^{(ij)+}(\mathcal{G}^{(2)})\begin{bmatrix}A_{il}^{c}B_{jm}^{c}-A_{il}^{s}B_{jm}^{s}\\A_{il}^{s}B_{jm}^{c}+A_{il}^{c}B_{jm}^{s}\end{bmatrix}+\right.$$

$$\left.W_{lm}^{(ij)+}(\mathcal{H}^{(2)})\begin{bmatrix}B_{il}^{c}A_{jm}^{c}-B_{il}^{s}A_{jm}^{s}\\B_{il}^{s}A_{jm}^{c}+B_{il}^{c}A_{jm}^{s}\end{bmatrix}_{m=n-l}\right\}\tag{2.2.37}$$

$$\int_b^\infty H_n^{(2)}(k_k\rho)\rho\mathrm{d}\rho\int_0^{2\pi}Q_F^-(\rho,\theta)\begin{pmatrix}\cos n\theta\\\sin n\theta\end{pmatrix}\mathrm{d}\theta$$

$$=\frac{\mathrm{i}\pi}{8}b^2\left\{\sum_{l=n}^{M}(1+\delta_{ln})\left\{U_{lm}^{(ij)-}(\mathcal{F}^{(1)})\begin{bmatrix}B_{il}^{c}B_{jm}^{*c}+B_{il}^{s}B_{jm}^{*s}\\B_{il}^{s}B_{jm}^{*c}-B_{il}^{c}B_{jm}^{*s}\end{bmatrix}+U_{lm}^{(ij)-}(\mathcal{G}^{(1)})\begin{bmatrix}A_{il}^{c}B_{jm}^{*c}+A_{il}^{s}B_{jm}^{*s}\\A_{il}^{s}B_{jm}^{*c}-A_{il}^{c}B_{jm}^{*s}\end{bmatrix}+\right.\right.$$

$$\left.U_{lm}^{(ij)-}(\mathcal{H}^{(1)})\begin{bmatrix}B_{il}^{c}A_{jm}^{*c}+B_{il}^{s}A_{jm}^{*s}\\B_{il}^{s}A_{jm}^{*c}-B_{il}^{c}A_{jm}^{*s}\end{bmatrix}\right\}_{m=l-n}\pm\sum_{l=0}^{M-n}(1+\delta_{l0})\left\{V_{lm}^{(ij)-}(\mathcal{F}^{(1)})\begin{bmatrix}B_{il}^{c}B_{jm}^{*c}+B_{il}^{s}B_{jm}^{*s}\\-B_{il}^{s}B_{jm}^{*c}+B_{il}^{c}B_{jm}^{*s}\end{bmatrix}+\right.$$

$$\left.V_{lm}^{(ij)-}(\mathcal{G}^{(1)})\begin{bmatrix}A_{il}^{c}B_{jm}^{*c}+A_{il}^{s}B_{jm}^{*s}\\-A_{il}^{s}B_{jm}^{*c}+A_{il}^{c}B_{jm}^{*s}\end{bmatrix}+V_{lm}^{(ij)-}(\mathcal{H}^{(1)})\begin{bmatrix}B_{il}^{c}A_{jm}^{*c}+B_{il}^{s}A_{jm}^{*s}\\-B_{il}^{s}A_{jm}^{*c}+B_{il}^{c}A_{jm}^{*s}\end{bmatrix}\right\}_{m=l+n}+$$

$$\sum_{l=1}^{n-1}\left\{W_{lm}^{(ij)-}(\mathcal{F}^{(1)})\begin{bmatrix}B_{il}^{c}B_{jm}^{*c}-B_{il}^{s}B_{jm}^{*s}\\B_{il}^{s}B_{jm}^{*c}+B_{il}^{c}B_{jm}^{*s}\end{bmatrix}+W_{lm}^{(ij)-}(\mathcal{G}^{(1)})\begin{bmatrix}A_{il}^{c}B_{jm}^{*c}-A_{il}^{s}B_{jm}^{*s}\\A_{il}^{s}B_{jm}^{*c}+A_{il}^{c}B_{jm}^{*s}\end{bmatrix}+\right.$$

$$\left.\left.W_{lm}^{(ij)-}(\mathcal{H}^{(1)})\begin{bmatrix}B_{il}^{c}A_{jm}^{*c}-B_{il}^{s}A_{jm}^{*s}\\B_{il}^{s}A_{jm}^{*c}+B_{il}^{c}A_{jm}^{*s}\end{bmatrix}_{m=n-l}\right\}\right.\tag{2.2.38}$$

$\mathcal{F}_{lmn}^{(1,2)}$、$\mathcal{G}_{lmn}^{(1,2)}$、$\mathcal{H}_{lmn}^{(1,2)}$是无穷区间上的积分，选取足够大的 $x_{\max}$，使

$$l\leqslant\alpha x_{\max},m\leqslant\beta x_{\max},n\leqslant\gamma x_{\max}\tag{2.2.39}$$

把积分区间$(1,\infty)$分为$(1,x_{\max})$和$(x_{\max},\infty)$，在区间$(1,x_{\max})$内，沿实轴积分；在$(x_{\max},\infty)$内，将 Bessel 函数和 Hankel 函数的渐近表达式代入，将积分围道变换到虚轴积分，此时被积函数呈指数衰减的形式，积分容易收敛。为保证积分精度，使用自适应 Romberg 积分方法。

2.3 几何对称性在一阶频域速度势计算中的应用

在海洋水波动力学计算中，计算工作量主要为自由面格林函数及其导数的计算和速度势线性方程组的求解，利用浮体湿表面的几何对称性可以减少格林函数及其偏导数的计算量，降低速度势求解矩阵的维数，提高计算效率和结果的准确度。

2.3.1 *XOZ* 平面为对称面

设 *XOZ* 平面为浮体的对称面。场点为 $P^1(x_1,y_1,z_1)$，源点为 $Q^1(\xi_1,\eta_1,\zeta_1)$，它们关于 *XOZ* 平面的对称点为 $P^2(x_1,-y_1,z_1)$ 和 $Q^2(\xi_1,-\eta_1,\zeta_1)$。$P_1$ 处的法向为

$$\boldsymbol{n}^1=(n_1^1,n_2^1,n_3^1)\tag{2.3.1}$$

扩展法向为

$$n_4^1=y_1n_3^1-z_1n_2^1,n_5^1=z_1n_1^1-x_1n_3^1,n_6^1=x_1n_2^1-y_1n_1^1\tag{2.3.2}$$

P^2 处的法向为

$$\boldsymbol{n}^2=(n_1^1,-n_2^1,n_3^1) \tag{2.3.3}$$

扩展法向为

$$n_4^2=-y_1n_3^1+z_1n_2^1,\quad n_5^2=z_1n_1^1-x_1n_3^1,\quad n_6^2=-x_1n_2^1+y_1n_1^1 \tag{2.3.4}$$

P_1 处的纵荡、横荡、垂荡、横摇、纵摇、艏摇的一阶辐射势为 $\phi_1(P^1)$、$\phi_2(P^1)$、$\phi_3(P^1)$、$\phi_4(P^1)$、$\phi_5(P^1)$、$\phi_6(P^1)$。P^2 处的六自由度运动的速度势为 $\phi_1(P^2)\sim\phi_6(P^2)$。由于

$$\frac{\partial\phi_1(P^1)}{\partial n}=n_1^1=\frac{\partial\phi_1(P^2)}{\partial n},\quad \frac{\partial\phi_2(P^1)}{\partial n}=n_2^1=-\frac{\partial\phi_2(P^2)}{\partial n} \tag{2.3.5}$$

故

$$\phi_1(P^1)=\phi_1(P^2),\quad \phi_2(P^1)=-\phi_2(P^2) \tag{2.3.6}$$

使用分布源方法计算一阶辐射势，有

$$\phi_1(P^1)=\iint_{S_B}\sigma_1(Q^1)G(P^1,Q^1)\mathrm{d}S,\phi_1(P^2)=\iint_{S_B}\sigma_1(Q^2)G(P^2,Q^2)\mathrm{d}S \tag{2.3.7}$$

$$\phi_2(P^1)=\iint_{S_B}\sigma_2(Q^1)G(P^1,Q^1)\mathrm{d}S,\phi_2(P^2)=\iint_{S_B}\sigma_2(Q^2)G(P^2,Q^2)\mathrm{d}S \tag{2.3.8}$$

这里 G 为三维零航速频域格林函数。由

$$\phi_1(P^1)=\phi_1(P^2),\quad \phi_2(P^1)=-\phi_2(P^2),\quad G(P^1,Q^1)=G(P^2,Q^2) \tag{2.3.9}$$

得

$$\sigma_1(Q^1)=\sigma_1(Q^2),\quad \sigma_2(Q^1)=-\sigma_2(Q^2) \tag{2.3.10}$$

同理可得 $\phi_3(P^1)=\phi_3(P^2)$，$\phi_4(P^1)=-\phi_4(P^2)$，$\phi_5(P^1)=\phi_5(P^2)$，$\phi_6(P^1)=-\phi_6(P^2)$，$\sigma_3(Q_1)=\sigma_3(Q^2)$，$\sigma_4(Q_1)=-\sigma_4(Q^2)$，$\sigma_5(Q^1)=\sigma_5(Q^2)$，$\sigma_6(Q^1)=-\sigma_6(Q^2)$。

纵荡、垂荡、纵摇的一阶辐射势关于 XOZ 平面对称，横荡、横摇、艏摇的一阶辐射势关于 XOZ 平面反对称。

设一阶入射波势为

$$\boldsymbol{\Phi}_{jI}^{(1)}(\boldsymbol{X})=\frac{\mathrm{i}gA_j\mathrm{e}^{-\mathrm{i}k_j(x\cos\beta_j+y\sin\beta_j)}}{\omega_j}\frac{\cosh k_j(z+h)}{\cosh k_jh} \tag{2.3.11}$$

则一阶散射势 $\boldsymbol{\Phi}_{jS}^{(1)}$ 的物面条件为

$$\begin{aligned}\frac{\partial\boldsymbol{\Phi}_{jS}^{(1)}}{\partial n}=&(\mathrm{i}k_j\cos\beta_jn_1+\mathrm{i}k_j\sin\beta_jn_2)\frac{\mathrm{i}gA_j\mathrm{e}^{-\mathrm{i}k_j(x\cos\beta_j+y\sin\beta_j)}}{\omega_j}\frac{\cosh k_j(z+h)}{\cosh k_jh}-\\&k_jn_3\frac{\mathrm{i}gA_j\mathrm{e}^{-\mathrm{i}k_j(x\cos\beta_j+y\sin\beta_j)}}{\omega_j}\frac{\sinh k_j(z+h)}{\cosh k_jh}\end{aligned} \tag{2.3.12}$$

将散射势 $\boldsymbol{\Phi}_{jS}^{(1)}$ 分为关于 XOZ 平面的对称部分 $\boldsymbol{\Phi}_{jS}^{(1)y+}$ 和反对称部分 $\boldsymbol{\Phi}_{jS}^{(1)y-}$，它们满足的边界条件为

$$\begin{aligned}\frac{\partial\boldsymbol{\Phi}_{jS}^{(1)y+}}{\partial n}=&\mathrm{i}k_j\cos\beta_jn_1\cdot\cos(k_j\sin\beta_jy)\cdot\mathrm{e}^{-\mathrm{i}k_j\cos\beta_jx}\cdot\frac{\mathrm{i}gA_j}{\omega_j}\cdot\frac{\cosh k_j(z+h)}{\cosh k_jh}+\\&k_j\sin\beta_jn_2\cdot\sin(k_j\sin\beta_jy)\cdot\mathrm{e}^{-\mathrm{i}k_j\cos\beta_jx}\cdot\frac{\mathrm{i}gA_j}{\omega_j}\cdot\frac{\cosh k_j(z+h)}{\cosh k_jh}-k_jn_3\cdot\\&\cos(k_j\sin\beta_jy)\cdot\mathrm{e}^{-\mathrm{i}k_j\cos\beta_jx}\frac{\mathrm{i}gA_j}{\omega_j}\frac{\sinh k_j(z+h)}{\cosh k_jh}\end{aligned} \tag{2.3.13}$$

$$\frac{\partial \Phi_{jS}^{(1)y-}}{\partial n}=k_j\cos\beta_j n_1\cdot\sin(k_j\sin\beta_j y)\cdot e^{-ik_j\cos\beta_j x}\cdot\frac{igA_j}{\omega_j}\frac{\cosh k_j(z+h)}{\cosh k_j h}+ik_j\sin\beta_j n_2\cdot\cos(k_j\sin\beta_j y)\cdot e^{-ik_j\cos\beta_j x}\cdot\frac{igA_j}{\omega_j}\frac{\cosh k_j(z+h)}{\cosh k_j h}+ik_j n_3\cdot\sin(k_j\sin\beta_j y)\cdot e^{-ik_j\cos\beta_j x}\cdot\frac{igA_j}{\omega_j}\frac{\sinh k_j(z+h)}{\cosh k_j h}\tag{2.3.14}$$

2.3.2 *YOZ* 平面为对称面

设 *YOZ* 平面为浮体的对称面。场点为 $P^1(x_1,y_1,z_1)$，源点为 $Q^1(\xi_1,\eta_1,\zeta_1)$，它们关于 *YOZ* 平面的对称点为 $P^3(-x_1,y_1,z_1)$ 和 $Q^3(-\xi_1,\eta_1,\zeta_1)$。由于

$$\frac{\partial\phi_1(P^1)}{\partial n}=n_1^1=-\frac{\partial\phi_1(P^3)}{\partial n},\quad\frac{\partial\phi_2(P^1)}{\partial n}=n_2^1=-\frac{\partial\phi_2(P^3)}{\partial n}\tag{2.3.15}$$

故

$$\phi_1(P^1)=-\phi_1(P^3),\quad\phi_2(P^1)=\phi_2(P^3)\tag{2.3.16}$$

使用分布源方法计算一阶辐射势，有

$$\phi_1(P^1)=\iint_{S_B}\sigma_1(Q^1)G(P^1,Q^1)\mathrm{d}S,\phi_1(P^3)=\iint_{S_B}\sigma_1(Q^3)G(P^3,Q^3)\mathrm{d}S\tag{2.3.17}$$

$$\phi_2(P^1)=\iint_{S_B}\sigma_2(Q^1)G(P^1,Q^1)\mathrm{d}S,\phi_2(P^3)=\iint_{S_B}\sigma_2(Q^3)G(P^3,Q^3)\mathrm{d}S\tag{2.3.18}$$

由

$$\phi_1(P^1)=-\phi_1(P^3),\phi_2(P^1)=\phi_2(P^3),G(P^1,Q^1)=G(P^3,Q^3)\tag{2.3.19}$$

得

$$\sigma_1(Q^1)=-\sigma_1(Q^3),\sigma_2(Q^1)=\sigma_2(Q^3)\tag{2.3.20}$$

同理可得 $\phi_3(P^1)=\phi_3(P^3)$，$\phi_4(P^1)=\phi_4(P^3)$，$\phi_5(P^1)=-\phi_5(P^3)$，$\phi_6(P^1)=-\phi_6(P^3)$，$\sigma_3(Q^1)=\sigma_3(Q^3)$，$\sigma_4(Q^1)=\sigma_4(Q^3)$，$\sigma_5(Q^1)=-\sigma_5(Q^3)$，$\sigma_6(Q^1)=-\sigma_6(Q^3)$。

横荡、垂荡、横摇的一阶辐射势关于 *YOZ* 平面对称，纵荡、纵摇、艏摇的一阶辐射势关于 *YOZ* 平面反对称。

将散射势 $\Phi_{jS}^{(1)}$ 分为关于 *YOZ* 平面的对称部分 $\Phi_{jS}^{(1)x+}$ 和反对称部分 $\Phi_{jS}^{(1)x-}$，它们满足的边界条件为

$$\frac{\partial \Phi_{jS}^{(1)x+}}{\partial n}=k_j\cos\beta_j n_1\cdot\sin(k_j\cos\beta_j x)\cdot e^{-ik_j\sin\beta_j y}\cdot\frac{igA_j}{\omega_j}\frac{\cosh k_j(z+h)}{\cosh k_j h}+ik_j\sin\beta_j n_2\cdot\cos(k_j\cos\beta_j x)\cdot e^{-ik_j\sin\beta_j y}\cdot\frac{igA_j}{\omega_j}\frac{\cosh k_j(z+h)}{\cosh k_j h}-k_j n_3\cdot\cos(k_j\cos\beta_j x)\cdot e^{-ik_j\sin\beta_j y}\cdot\frac{igA_j}{\omega_j}\frac{\sinh k_j(z+h)}{\cosh k_j h}\tag{2.3.21}$$

$$\frac{\partial \Phi_{jS}^{(1)x-}}{\partial n}=ik_j\cos\beta_j n_1\cdot\cos(k_j\cos\beta_j x)\cdot e^{-ik_j\sin\beta_j y}\cdot\frac{igA_j}{\omega_j}\frac{\cosh k_j(z+h)}{\cosh k_j h}+k_j\sin\beta_j n_2\cdot\sin(k_j\cos\beta_j x)\cdot e^{-ik_j\sin\beta_j y}\cdot\frac{igA_j}{\omega_j}\frac{\cosh k_j(z+h)}{\cosh k_j h}+ik_j n_3\cdot\sin(k_j\cos\beta_j x)\cdot$$

$$e^{-ik_j\sin\beta_j y}\cdot\frac{igA_j}{\omega_j}\frac{\sinh k_j(z+h)}{\cosh k_j h} \tag{2.3.22}$$

2.3.3 *XOZ* 平面和 *YOZ* 平面为对称面

设 *XOZ* 平面和 *YOZ* 平面为浮体的对称面。场点为 $P^1(x_1,y_1,z_1)$，源点为 $Q^1(\xi_1,\eta_1,\zeta_1)$，它们关于 *XOZ* 平面的对称点为 $P^2(x_1,-y_1,z_1)$ 和 $Q^2(\xi_1,-\eta_1,\zeta_1)$，关于 *YOZ* 平面的对称点为 $P^3(-x_1,y_1,z_1)$ 和 $Q^3(-\xi_1,\eta_1,\zeta_1)$，关于原点 *O* 的反对称点为 $P^4(-x_1,-y_1,z_1)$ 和 $Q^4(-\xi_1,-\eta_1,\zeta_1)$。则各点的一阶辐射势有下面的关系：

$$\phi_1(P^1)=\phi_1(P^2),\phi_2(P^1)=-\phi_2(P^2) \tag{2.3.23}$$

$$\phi_3(P^1)=\phi_3(P^2),\phi_4(P^1)=-\phi_4(P^2) \tag{2.3.24}$$

$$\phi_5(P^1)=\phi_5(P^2),\phi_6(P^1)=-\phi_6(P^2) \tag{2.3.25}$$

$$\phi_1(P^1)=-\phi_1(P^3),\phi_2(P^1)=\phi_2(P^3) \tag{2.3.26}$$

$$\phi_3(P^1)=\phi_3(P^3),\phi_4(P^1)=\phi_4(P^3) \tag{2.3.27}$$

$$\phi_5(P^1)=-\phi_5(P^3),\phi_6(P^1)=-\phi_6(P^3) \tag{2.3.28}$$

$$\phi_1(P^1)=-\phi_1(P^4),\phi_2(P^1)=-\phi_2(P^4) \tag{2.3.29}$$

$$\phi_3(P^1)=\phi_3(P^4),\phi_4(P^1)=-\phi_4(P^4) \tag{2.3.30}$$

$$\phi_5(P^1)=-\phi_5(P^4),\phi_6(P^1)=\phi_6(P^4) \tag{2.3.31}$$

各点与一阶辐射势相关的源强有下面的关系：

$$\sigma_1(Q^1)=\sigma_1(Q^2),\sigma_2(Q^1)=-\sigma_2(Q^2) \tag{2.3.32}$$

$$\sigma_3(Q^1)=\sigma_3(Q^2),\sigma_4(Q^1)=-\sigma_4(Q^2) \tag{2.3.33}$$

$$\sigma_5(Q^1)=\sigma_5(Q^2),\sigma_6(Q^1)=-\sigma_6(Q^2) \tag{2.3.34}$$

$$\sigma_1(Q^1)=-\sigma_1(Q^3),\sigma_2(Q^1)=\sigma_2(Q^3) \tag{2.3.35}$$

$$\sigma_3(Q^1)=\sigma_3(Q^3),\sigma_4(Q^1)=\sigma_4(Q^3) \tag{2.3.36}$$

$$\sigma_5(Q^1)=-\sigma_5(Q^3),\sigma_6(Q^1)=-\sigma_6(Q^3) \tag{2.3.37}$$

$$\sigma_1(Q^1)=-\sigma_1(Q^4),\sigma_2(Q^1)=-\sigma_2(Q^4) \tag{2.3.38}$$

$$\sigma_3(Q^1)=\sigma_3(Q^4),\sigma_4(Q^1)=-\sigma_4(Q^4) \tag{2.3.39}$$

$$\sigma_5(Q^1)=-\sigma_5(Q^4),\sigma_6(Q^1)=\sigma_6(Q^4) \tag{2.3.40}$$

纵荡、纵摇的一阶辐射势关于 *XOZ* 平面对称、*YOZ* 平面反对称，横荡、横摇的一阶辐射势关于 *XOZ* 平面反对称、*YOZ* 平面对称，垂荡的一阶辐射势关于 *XOZ* 平面对称、*YOZ* 平面对称，艏摇的一阶辐射势关于 *XOZ* 平面反对称、*YOZ* 平面反对称。

将散射势 $\Phi_{jS}^{(1)}$ 分为 $\Phi_{jS}^{(1)++}$、$\Phi_{jS}^{(1)+-}$、$\Phi_{jS}^{(1)-+}$、$\Phi_{jS}^{(1)--}$ 四部分，$\Phi_{jS}^{(1)++}$ 关于 *XOZ* 平面对称、*YOZ* 平面对称，$\Phi_{jS}^{(1)+-}$ 关于 *XOZ* 平面对称、*YOZ* 平面反对称，$\Phi_{jS}^{(1)-+}$ 关于 *XOZ* 平面反对称、*YOZ* 平面对称，$\Phi_{jS}^{(1)--}$ 关于 *XOZ* 平面反对称、*YOZ* 平面反对称，它们满足的边界条件为

$$\frac{\partial\Phi_{jS}^{(1)++}}{\partial n}=k_j\cos\beta_j n_1\cdot\sin(k_j\cos\beta_j x)\cdot\cos(k_j\sin\beta_j y)\cdot\frac{igA_j}{\omega_j}\frac{\cosh k_j(z+h)}{\cosh k_j h}+k_j\sin\beta_j n_2\cdot$$
$$\cos(k_j\cos\beta_j x)\cdot\sin(k_j\cos\beta_j y)\cdot\frac{igA_j}{\omega_j}\frac{\cosh k_j(z+h)}{\cosh k_j h}-k_j n_3\cdot\cos(k_j\cos\beta_j x)\cdot$$

$$\cos(k_j\sin\beta_j y)\cdot\frac{\mathrm{i}gA_j}{\omega_j}\frac{\sinh k_j(z+h)}{\cosh k_j h} \tag{2.3.41}$$

$$\begin{aligned}\frac{\partial\Phi_{jS}^{(1)+-}}{\partial n}=&\mathrm{i}k_j\cos\beta_j n_1\cdot\cos(k_j\cos\beta_j x)\cdot\cos(k_j\sin\beta_j y)\cdot\frac{\mathrm{i}gA_j}{\omega_j}\frac{\cosh k_j(z+h)}{\cosh k_j h}-\\&\mathrm{i}k_j\sin\beta_j n_2\cdot\sin(k_j\cos\beta_j x)\cdot\sin(k_j\sin\beta_j y)\cdot\frac{\mathrm{i}gA_j}{\omega_j}\frac{\cosh k_j(z+h)}{\cosh k_j h}+\\&\mathrm{i}k_j n_3\cdot\sin(k_j\cos\beta_j x)\cdot\cos(k_j\sin\beta_j y)\cdot\frac{\mathrm{i}gA_j}{\omega_j}\frac{\sinh k_j(z+h)}{\cosh k_j h}\end{aligned} \tag{2.3.42}$$

$$\begin{aligned}\frac{\partial\Phi_{jS}^{(1)-+}}{\partial n}=&-\mathrm{i}k_j\cos\beta_j n_1\cdot\sin(k_j\sin\beta_j y)\cdot\sin(k_j\cos\beta_j x)\cdot\frac{\mathrm{i}gA_j}{\omega_j}\frac{\cosh k_j(z+h)}{\cosh k_j h}+\\&\mathrm{i}k_j\sin\beta_j n_2\cdot\cos(k_j\sin\beta_j y)\cdot\cos(k_j\cos\beta_j x)\cdot\frac{\mathrm{i}gA_j}{\omega_j}\frac{\cosh k_j(z+h)}{\cosh k_j h}+\\&\mathrm{i}k_j n_3\cdot\cos(k_j\cos\beta_j x)\cdot\sin(k_j\sin\beta_j y)\cdot\frac{\mathrm{i}gA_j}{\omega_j}\frac{\sinh k_j(z+h)}{\cosh k_j h}\end{aligned} \tag{2.3.43}$$

$$\begin{aligned}\frac{\partial\Phi_{jS}^{(1)--}}{\partial n}=&k_j\cos\beta_j n_1\cdot\cos(k_j\cos\beta_j x)\cdot\sin(k_j\sin\beta_j y)\cdot\frac{\mathrm{i}gA_j}{\omega_j}\frac{\cosh k_j(z+h)}{\cosh k_j h}+\\&k_j\sin\beta_j n_2\cdot\sin(k_j\cos\beta_j x)\cdot\cos(k_j\sin\beta_j y)\cdot\frac{\mathrm{i}gA_j}{\omega_j}\frac{\cosh k_j(z+h)}{\cosh k_j h}+\\&k_j n_3\cdot\sin(k_j\cos\beta_j x)\cdot\sin(k_j\sin\beta_j y)\cdot\frac{\mathrm{i}gA_j}{\omega_j}\frac{\sinh k_j(z+h)}{\cosh k_j h}\end{aligned} \tag{2.3.44}$$

2.3.4 一阶速度势的导数的对称性

若 XOZ 平面为对称面，场点为 $P^1(x_1,y_1,z_1)$，源点为 $Q^1(\xi_1,\eta_1,\zeta_1)$，它们关于 XOZ 平面的对称点为 $P^2(x_1,-y_1,z_1)$ 和 $Q^2(\xi_1,-\eta_1,\zeta_1)$，则 $\frac{\partial G(P^1,Q^1)}{\partial x}=\frac{\partial G(P^2,Q^2)}{\partial x}$，$\frac{\partial G(P^1,Q^1)}{\partial y}=-\frac{\partial G(P^2,Q^2)}{\partial y}$，$\frac{\partial G(P^1,Q^1)}{\partial z}=\frac{\partial G(P^2,Q^2)}{\partial z}$。运用 2.3.1 节结果可知如果一阶速度势关于 XOZ 平面对称，则它对 X、Z 的一阶偏导数关于 XOZ 平面对称，对 Y 的一阶偏导数关于 XOZ 平面反对称；如果一阶速度势关于 XOZ 平面反对称，则它对 Y 的一阶偏导数关于 XOZ 平面对称，对 X、Z 的一阶偏导数关于 XOZ 平面反对称。

若 YOZ 平面为对称面，如果一阶速度势关于 YOZ 平面对称，则它对 Y、Z 的一阶偏导数关于 YOZ 平面对称，对 X 的一阶偏导数关于 YOZ 平面反对称；如果一阶速度势关于 YOZ 平面反对称，则它对 X 的一阶偏导数关于 YOZ 平面对称，对 Y、Z 的一阶偏导数关于 YOZ 平面反对称。

若 XOZ 平面和 YOZ 平面同时为对称面，如果一阶速度势关于 XOZ 平面和 YOZ 平面均对称，则它对 X 的一阶偏导数关于 XOZ 平面对称、YOZ 平面反对称，关于 Y 的一阶偏导数关于 XOZ 平面反对称、YOZ 平面对称，关于 Z 的一阶偏导数关于 XOZ 平面和 YOZ 平面均对称；如果一阶速度势关于 XOZ 平面对称、YOZ 平面反对称，则它对 X 的一阶偏导数关于 XOZ 平面和 YOZ 平面均对称，关于 Y 的一阶偏导数关于 XOZ 平面和 YOZ 平面均反对称，关于 Z 的一阶偏导数关于 XOZ 平面对称、YOZ 平面反对称；如果一阶速度势关于 XOZ 平面反对称、YOZ 平面对称，则它对 X 的一阶偏导数关于 XOZ 平面和 YOZ 平面均反对称，关于 Y 的一阶偏导数关于 XOZ 平面和 YOZ 平面均对称，关于 Z 的一阶偏导数关于 XOZ 平面反对称、YOZ 平面对称；如果一阶速度势关于 XOZ 平面和 YOZ 平面均反对称，则它对 X 的一阶偏导数关于 XOZ 平面反对称、YOZ 平面对称，关于 Y 的一阶偏导数关于 XOZ 平面对称、YOZ 平面反对称，关于 Z 的一阶偏导数关于 XOZ 平面和 YOZ 平面均反对称。

若 XOZ 平面为对称面，如果一阶速度势关于 XOZ 平面对称，则它的 XX、YY、ZZ、XZ 二阶偏导数关于 XOZ 平面对称，XY 和 YZ 二阶偏导数关于 XOZ 平面反对称；如果一阶速度势关于 XOZ 平面反对称，则它的 XX、YY、ZZ、XZ 二阶偏导数关于 XOZ 平面反对称，XY 和 YZ 二阶偏导数关于 XOZ 平面对称。

若 YOZ 平面为对称面，如果一阶速度势关于 YOZ 平面对称，则它的 XX、YY、ZZ、YZ 二阶偏导数关于 YOZ 平面对称，XY 和 XZ 二阶偏导数关于 YOZ 平面反对称；如果一阶速度势关于 YOZ 平面反对称，则它的 XX、YY、ZZ、YZ 二阶偏导数关于 YOZ 平面反对称，XY 和 XZ 二阶偏导数关于 YOZ 平面对称。

若 XOZ 平面和 YOZ 平面同时为对称面，则：

(1)一阶速度势关于 XOZ 平面和 YOZ 平面均对称，则它的 XX、YY、ZZ 二阶偏导数关于 XOZ 平面和 YOZ 平面均对称，XY 二阶偏导数关于 XOZ 平面和 YOZ 平面均反对称，XZ 偏导数关于 XOZ 平面对称、YOZ 平面反对称，YZ 二阶偏导数关于 XOZ 平面反对称、YOZ 平面对称；

(2)一阶速度势关于 XOZ 平面对称、YOZ 平面反对称，则它的 XX、YY、ZZ 二阶偏导数关于 XOZ 平面对称、YOZ 平面反对称，XY 二阶偏导数关于 XOZ 平面反对称、YOZ 平面对称，XZ 二阶偏导数关于 XOZ 平面和 YOZ 平面均对称，YZ 二阶偏导数关于 XOZ 平面和 YOZ 平面均反对称；

(3)一阶速度势关于 XOZ 平面反对称、YOZ 平面对称，则它的 XX、YY、ZZ 二阶偏导数关于 XOZ 平面反对称、YOZ 平面对称，XY 二阶偏导数关于 XOZ 平面对称、YOZ 平面反对称，XZ 二阶偏导数关于 XOZ 平面和 YOZ 平面均反对称，YZ 二阶偏导数关于 XOZ 平面和 YOZ 平面均对称；

(4)一阶速度势关于 XOZ 平面和 YOZ 平面均反对称，则它的 XX、YY、ZZ 二阶偏导数关于 XOZ 平面和 YOZ 平面均反对称，XY 二阶偏导数关于 XOZ 平面和 YOZ 平面均对称，XZ 二阶偏导数关于 XOZ 平面反对称、YOZ 平面对称，YZ 二阶偏导数关于 XOZ 平面对称、YOZ 平面反对称。

2.4 几何对称性在二阶频域速度势计算中的应用

对称性在二阶速度势求解中的应用和在一阶速度势求解中的应用相类似，对于二阶辐射势，由于没有强迫项，与一阶势完全相同，对于二阶散射势，除了考虑二阶入射势，还需要考虑强迫项的对称性，具体的做法也是将强迫项分为关于对称面的对称和反对称两个部分进行计算。本节给出关于 XOZ 平面的相关项的分解。

2.4.1 二阶物面条件的对称性分解

二阶和频和差频物面条件为

$$Q_B^+ = -\frac{\partial \phi_{ijI}^+}{\partial n} + \frac{\mathrm{i}(\omega_i+\omega_j)}{2}\boldsymbol{n}\cdot\boldsymbol{H}^+\boldsymbol{X} + \frac{1}{4}\{(\boldsymbol{\alpha}_i^{(1)}\times\boldsymbol{n})\cdot[\mathrm{i}\omega_j(\xi_j^{(1)}+\boldsymbol{\alpha}_j^{(1)}\times\boldsymbol{X})-\nabla\phi_j^{(1)}]+$$

$$(\boldsymbol{\alpha}_j^{(1)}\times\boldsymbol{n})\cdot[\mathrm{i}\omega_i(\xi_i^{(1)}+\boldsymbol{\alpha}_i^{(1)}\times\boldsymbol{X})-\nabla\phi_i^{(1)}]\}-\frac{\boldsymbol{n}}{4}\cdot$$

$$\{[(\boldsymbol{\xi}_i^{(1)}+\boldsymbol{\alpha}_i^{(1)}\times\boldsymbol{X})\cdot\nabla]\nabla\phi_j^{(1)}+[(\boldsymbol{\xi}_j^{(1)}+\boldsymbol{\alpha}_j^{(1)}\times\boldsymbol{X})\cdot\nabla]\nabla\phi_i^{(1)}\} \tag{2.4.1}$$

$$Q_B^- = -\frac{\partial \phi_{ijI}^-}{\partial n} + \frac{\mathrm{i}(\omega_i-\omega_j)}{2}\boldsymbol{n}\cdot\boldsymbol{H}^-\boldsymbol{X} + \frac{1}{4}\{(\boldsymbol{\alpha}_i^{(1)}\times\boldsymbol{n})\cdot[-\mathrm{i}\omega_j(\boldsymbol{\xi}_j^{(1)*}+\boldsymbol{\alpha}_j^{(1)*}\times\boldsymbol{X})-$$

$$\nabla\phi_j^{(1)*}]+(\boldsymbol{\alpha}_j^{(1)*}\times\boldsymbol{n})\cdot[\mathrm{i}\omega_i(\boldsymbol{\xi}_i^{(1)}+\boldsymbol{\alpha}_i^{(1)}\times\boldsymbol{X})-\nabla\phi_i^{(1)}]\}-\frac{\boldsymbol{n}}{4}\cdot$$

$$\{[(\boldsymbol{\xi}_i^{(1)}+\boldsymbol{\alpha}_i^{(1)}\times\boldsymbol{X})\cdot\nabla]\nabla\phi_j^{(1)*}+[(\boldsymbol{\xi}_j^{(1)*}+\boldsymbol{\alpha}_j^{(1)*}\times\boldsymbol{X})\cdot\nabla]\nabla\phi_i^{(1)}\} \tag{2.4.2}$$

二阶入射波势的法向导数$\frac{\partial \phi_{ijI}^{\pm}}{\partial n}$中关于 XOZ 平面的对称部分$\frac{\partial \phi_{ijI}^{\pm S}}{\partial n}$为

$$\frac{\partial \phi_{ijI}^{\pm S}}{\partial n} = -\mathrm{i}k_{ij}^{c\pm}n_1\cdot\cos k_{ij}^{c\pm}y\cdot \mathrm{e}^{-\mathrm{i}k_{ij}^{s\pm}x}\cdot\frac{\gamma_{ij}^{\pm}\cosh k_{ij}^{\pm}(z+h)}{q_{ij}^{\pm}\cosh k_{ij}^{\pm}h}-k_{ij}^{s\pm}n_2\cdot\sin k_{ij}^{c\pm}y\cdot \mathrm{e}^{-\mathrm{i}k_{ij}^{s\pm}x}\cdot$$

$$\frac{\gamma_{ij}^{\pm}\cosh k_{ij}^{\pm}(z+h)}{q_{ij}^{\pm}\cosh k_{ij}^{\pm}h}+k_{ij}^{\pm}n_3\cdot\cos k_{ij}^{c\pm}y\cdot \mathrm{e}^{-\mathrm{i}k_{ij}^{s\pm}x}\cdot\frac{\gamma_{ij}^{\pm}\sinh k_{ij}^{\pm}(z+h)}{q_{ij}^{\pm}\cosh k_{ij}^{\pm}h} \tag{2.4.3}$$

$\frac{\partial \phi_{ijI}^{\pm}}{\partial n}$中关于 XOZ 平面的反对称部分$\frac{\partial \phi_{ijI}^{\pm D}}{\partial n}$为

$$\frac{\partial \phi_{ijI}^{\pm D}}{\partial n} = -\mathrm{i}k_{ij}^{s\pm}n_2\cdot\cos k_{ij}^{c\pm}y\cdot \mathrm{e}^{-\mathrm{i}k_{ij}^{s\pm}x}\cdot\frac{\gamma_{ij}^{\pm}\cosh k_{ij}^{\pm}(z+h)}{q_{ij}^{\pm}\cosh k_{ij}^{\pm}h}-k_{ij}^{c\pm}n_1\cdot\sin k_{ij}^{c\pm}y\cdot \mathrm{e}^{-\mathrm{i}k_{ij}^{s\pm}x}\cdot$$

$$\frac{\gamma_{ij}^{\pm}\cosh k_{ij}^{\pm}(z+h)}{q_{ij}^{\pm}\cosh k_{ij}^{\pm}h}-\mathrm{i}k_{ij}^{\pm}n_3\cdot\sin k_{ij}^{c\pm}y\cdot \mathrm{e}^{-\mathrm{i}k_{ij}^{s\pm}x}\cdot\frac{\gamma_{ij}^{\pm}\sinh k_{ij}^{\pm}(z+h)}{q_{ij}^{\pm}\cosh k_{ij}^{\pm}h} \tag{2.4.4}$$

$\frac{\mathrm{i}(\omega_i\pm\omega_j)}{2}\boldsymbol{n}\cdot\boldsymbol{H}^{\pm}\boldsymbol{X}$ 关于 XOZ 平面的对称部分为

$$-[(\alpha_{2i}^{(1)}\alpha_{2j}^{(1)X}+\alpha_{3i}^{(1)}\alpha_{3j}^{(1)X})xn_1+(\alpha_{1i}^{(1)}\alpha_{1j}^{(1)X}+\alpha_{3i}^{(1)}\alpha_{3j}^{(1)X})yn_2+(\alpha_{1i}^{(1)}\alpha_{1j}^{(1)X}+\alpha_{2i}^{(1)}\alpha_{2j}^{(1)X})zn_3-$$

$$(\alpha_{1i}^{(1)}\alpha_{3j}^{(1)X}+\alpha_{1j}^{(1)X}\alpha_{3i}^{(1)})nx_3]\cdot\frac{\mathrm{i}(\omega_i\pm\omega_j)}{4} \tag{2.4.5}$$

$\frac{\mathrm{i}(\omega_i\pm\omega_j)}{2}\boldsymbol{n}\cdot\boldsymbol{H}^{\pm}\boldsymbol{X}$ 关于 XOZ 平面反对称部分为

$$[(\alpha_{2i}^{(1)}\alpha_{3j}^{(1)X}+\alpha_{2j}^{(1)X}\alpha_{3i}^{(1)})yn_3+(\alpha_{1i}^{(1)}\alpha_{2j}^{(1)X}+\alpha_{1j}^{(1)X}\alpha_{2i}^{(1)})xn_2]\cdot\frac{\mathrm{i}(\omega_i\pm\omega_j)}{4} \tag{2.4.6}$$

若为和频，上角标 X 表示变量本身；若为差频，上角标 X 表示变量的共轭。

$\frac{1}{4}(\boldsymbol{\alpha}_i^{(1)}\times\boldsymbol{n})\cdot[\mathrm{i}^X\omega_j(\boldsymbol{\xi}_j^{(1)X}+\boldsymbol{\alpha}_j^{(1)X}\times\boldsymbol{X})-\nabla\phi_j^{(1)X}]$关于 XOZ 平面的对称部分为

$$\frac{1}{4}[\mathrm{i}^X\omega_j(\alpha_{2i}^{(1)}\xi_{1j}^{(1)X}n_3+\alpha_{2i}^{(1)}\alpha_{2j}^{(1)X}zn_3+\alpha_{3i}^{(1)}\alpha_{3j}^{(1)X}yn_2+\alpha_{3i}^{(1)}\alpha_{3j}^{(1)X}xn_1-\alpha_{1i}^{(1)}\xi_{2j}^{(1)X}n_3+$$

$$\alpha_{1i}^{(1)}\alpha_{1j}^{(1)X}zn_3+\alpha_{1i}^{(1)}\alpha_{1j}^{(1)X}yn_2+\alpha_{2i}^{(1)}\alpha_{2j}^{(1)X}xn_1+\alpha_{3i}^{(1)}\xi_{2j}^{(1)X}n_1-\alpha_{3i}^{(1)}\alpha_{1j}^{(1)X}zn_1-\alpha_{1i}^{(1)}\alpha_{3j}^{(1)X}xn_3-$$

$\alpha_{2i}^{(1)}\xi_{3j}^{(1)X}n_1) - \alpha_{2i}^{(1)}\phi_{jx}^{(1)+X}n_3 + \alpha_{3i}^{(1)}\phi_{jx}^{(1)-X}n_2 - \alpha_{3i}^{(1)}\phi_{jy}^{(1)+X}n_1 + \alpha_{1i}^{(1)}\phi_{jy}^{(1)+X}n_3 - \alpha_{1i}^{(1)}\phi_{jz}^{(1)-X}n_2 + \alpha_{2i}^{(1)}\phi_{jz}^{(1)+X}n_1]$　　(2.4.7)

这里 $\phi^{(1)+}$ 表示关于 XOZ 平面对称的速度势，$\phi^{(1)-}$ 表示关于 XOZ 平面反对称的速度势。$\frac{1}{4}(\boldsymbol{\alpha}_i^{(1)}\times\boldsymbol{n})\cdot[\mathrm{i}^X\omega_j(\boldsymbol{\xi}_j^{(1)X}+\boldsymbol{\alpha}_j^{(1)X}\times\boldsymbol{X})-\nabla\phi_j^{(1)X}]$关于 XOZ 平面的反对称部分为

$$\frac{1}{4}[\mathrm{i}^X\omega_j(-\alpha_{2i}^{(1)}\alpha_{3j}^{(1)X}yn_3 - \alpha_{3i}^{(1)}\boldsymbol{\xi}_{1j}^{(1)X}n_2 - \alpha_{3i}^{(1)}\alpha_{2j}^{(1)X}zn_2 + \alpha_{1i}^{(1)}\xi_{3j}^{(1)X}n_2 - \alpha_{1i}^{(1)}\alpha_{2j}^{(1)X}xn_2 - \alpha_{2i}^{(1)}\alpha_{1j}^{(1)X}yn_1) + \alpha_{3i}^{(1)}\phi_{jx}^{(1)+X}n_2 - \alpha_{3i}^{(1)}\phi_{jy}^{(1)-X}n_1 + \alpha_{1i}^{(1)}\phi_{jy}^{(1)-X}n_3 - \alpha_{1i}^{(1)}\phi_{jz}^{(1)+X}n_2 + \alpha_{2i}^{(1)}\phi_{jz}^{(1)-X}n_1 - \alpha_{2i}^{(1)}\phi_{jx}^{(1)-X}n_3] \tag{2.4.8}$$

$\frac{1}{4}(\alpha_j^{(1)X}\times n)[\mathrm{i}\omega_i(\xi_i^{(1)}+\alpha_i^{(1)}\times x)-\nabla\phi_i^{(1)}]$关于 XOZ 平面的对称部分为

$$\frac{1}{4}[\mathrm{i}\omega_i(\alpha_{2j}^X\xi_{1i}^{(1)}n_3 + \alpha_{2j}^{(1)X}\alpha_{2i}^{(1)}zn_3 + \alpha_{3j}^{(1)X}\alpha_{3i}^{(1)}yn_2 + \alpha_{3j}^{(1)X}\alpha_{3i}^{(1)}xn_1 - \alpha_{1j}^{(1)X}\xi_{2i}^{(1)}n_3 + \alpha_{1j}^{(1)X}\alpha_{1i}^{(1)}zn_3 + \alpha_{1j}^{(1)X}\alpha_{1i}^{(1)}yn_2 + \alpha_{2j}^{(1)X}\alpha_{2i}^{(1)}xn_1 + \alpha_{3j}^{(1)X}\xi_{2i}^{(1)}n_1 - \alpha_{3j}^{(1)X}\alpha_{1i}^{(1)}zn_1 - \alpha_{1j}^{(1)X}\alpha_{3i}^{(1)}xn_3 - \alpha_{2j}^{(1)X}\xi_{3i}^{(1)}n_1) - \alpha_{2j}^{(1)X}\phi_{ix}^{(1)+}n_3 + \alpha_{3j}^{(1)X}\phi_{ix}^{(1)-}n_2 - \alpha_{3j}^{(1)X}\phi_{iy}^{(1)+}n_1 + \alpha_{1j}^{(1)X}\phi_{iy}^{(1)+}n_3 - \alpha_{1j}^{(1)X}\phi_{iz}^{(1)-}n_2 + \alpha_{2j}^{(1)X}\phi_{iz}^{(1)+}n_1] \tag{2.4.9}$$

$\frac{1}{4}(\alpha_j^{(1)X}\times n)[\mathrm{i}\omega_i(\xi_i^{(1)}+\alpha_i^{(1)}\times x)-\nabla\phi_i^{(1)}]$关于 XOZ 平面的反对称部分为

$$\frac{1}{4}[\mathrm{i}\omega_i(-\alpha_{2j}^{(1)X}\alpha_{3i}^{(1)}yn_3 - \alpha_{3j}^{(1)X}\xi_{1i}^{(1)}n_2 - \alpha_{3J}^{(1)X}\alpha_{2i}^{(1)}zn_2 + \alpha_{1j}^{(1)X}\xi_{3i}^{(1)}n_2 - \alpha_{1j}^{(1)X}\alpha_{2i}^{(1)}xn_2 - \alpha_{2j}^{(1)X}\alpha_{1i}^{(1)}yn_1) + \alpha_{3j}^{(1)X}\phi_{ix}^{(1)+}n_2 - \alpha_{3j}^{(1)X}\phi_{iy}^{(1)-}n_1 + \alpha_{1j}^{(1)X}\phi_{iy}^{(1)-}n_3 - \alpha_{1j}^X\phi_{iz}^{(1)+}n_2 + \alpha_{2j}^{(1)X}\phi_{iz}^{(1)-}n_1 - \alpha_{2j}^{(1)X}\phi_{ix}^{(1)-}n_3] \tag{2.4.10}$$

$\boldsymbol{n}\cdot[(\xi_i^{(1)}+\boldsymbol{\alpha}_i^{(1)}\times\boldsymbol{X})\cdot\nabla]\nabla\phi_j^{(1)X}$ 关于 XOZ 平面的对称部分为

$$\xi_{1i}^{(1)}\phi_{jxx}^{(1)+X}n_1 + \alpha_{2i}^{(1)}\phi_{jxx}^{(1)+X}zn_1 - \alpha_{3i}^{(1)}\phi_{jxx}^{(1)-X}yn_1 + \xi_{1i}^{(1)}\phi_{jxy}^{(1)-X}n_2 + \alpha_{2i}^{(1)}\phi_{jxy}^{(1)-X}zn_2 - \alpha_{3i}^{(1)}\phi_{jxy}^{(1)+X}yn_2 + \xi_{1i}^{(1)}\phi_{jxz}^{(1)+X}n_3 + \alpha_{2i}^{(1)}\phi_{jxz}^{(1)+X}zn_3 - \alpha_{3i}^{(1)}\phi_{jxz}^{(1)-X}yn_3 + \xi_{2i}^{(1)}\phi_{jxy}^{(1)+X}n_1 + \alpha_{3i}^{(1)}\phi_{jxy}^{(1)+X}xn_1 - \alpha_{1i}^{(1)}\phi_{jxy}^{(1)+X}zn_1 + \xi_{2i}^{(1)}\phi_{jyy}^{(1)-X}n_2 + \alpha_{3i}^{(1)}\phi_{jyy}^{(1)-X}xn_2 - \alpha_{1i}^{(1)}\phi_{jyy}^{(1)-X}zn_2 + \xi_{2i}^{(1)}\phi_{jyz}^{(1)+X}n_3 + \alpha_{3i}^{(1)}\phi_{jyz}^{(1)+X}xn_3 - \alpha_{1i}^{(1)}\phi_{jyz}^{(1)-X}zn_3 + \xi_{3i}^{(1)}\phi_{jxz}^{(1)+X}n_1 + \alpha_{1i}^{(1)}\phi_{jxz}^{(1)-X}yn_1 - \alpha_{2i}^{(1)}\phi_{jxz}^{(1)+X}xn_1 + \xi_{3i}^{(1)}\phi_{jyz}^{(1)-X}n_2 + \alpha_{1i}^{(1)}\phi_{jyz}^{(1)+X}yn_2 - \alpha_{2i}^{(1)}\phi_{jyz}^{(1)-X}xn_2 + \xi_{3i}^{(1)}\phi_{jzz}^{(1)+X}n_3 + \alpha_{1i}^{(1)}\phi_{jzz}^{(1)-X}yn_3 - \alpha_{2i}^{(1)}\phi_{jzz}^{(1)+X}xn_3 \tag{2.4.11}$$

$\boldsymbol{n}\cdot[(\boldsymbol{\xi}_i^{(1)}+\boldsymbol{\alpha}_i^{(1)}\times\boldsymbol{X})\cdot\nabla]\nabla\phi_j^{(1)X}$ 关于 XOZ 平面的反对称部分为

$$\xi_{1i}^{(1)}\phi_{jxx}^{(1)-X}n_1 + \alpha_{2i}^{(1)}\phi_{jxx}^{(1)-X}zn_1 - \alpha_{3i}^{(1)}\phi_{jxx}^{(1)+X}yn_1 + \xi_{1i}^{(1)}\phi_{jxy}^{(1)+X}n_2 + \alpha_{2i}^{(1)}\phi_{jxy}^{(1)+X}zn_2 - \alpha_{3i}^{(1)}\phi_{jxy}^{(1)-X}yn_2 + \xi_{1i}^{(1)}\phi_{jxz}^{(1)-X}n_3 + \alpha_{2i}^{(1)}\phi_{jxz}^{(1)-X}zn_3 - \alpha_{3i}^{(1)}\phi_{jxz}^{(1)+X}yn_3 + \xi_{2i}^{(1)}\phi_{jxy}^{(1)-X}n_1 + \alpha_{3i}^{(1)}\phi_{jxy}^{(1)-X}xn_1 - \alpha_{1i}^{(1)}\phi_{jxy}^{(1)-X}zn_1 + \xi_{2i}^{(1)}\phi_{jyy}^{(1)+X}n_2 + \alpha_{3i}^{(1)}\phi_{jyy}^{(1)+X}xn_2 - \alpha_{1i}^{(1)}\phi_{jyy}^{(1)+X}zn_2 + \xi_{2i}^{(1)}\phi_{jyz}^{(1)-X}n_3 + \alpha_{3i}^{(1)}\phi_{jyz}^{(1)-X}xn_3 - \alpha_{1i}^{(1)}\phi_{jyz}^{(1)+X}zn_3 + \xi_{3i}^{(1)}\phi_{jxz}^{(1)-X}n_1 + \alpha_{1i}^{(1)}\phi_{jxz}^{(1)+X}yn_1 - \alpha_{2i}^{(1)}\phi_{jxz}^{(1)-X}xn_1 + \xi_{3i}^{(1)}\phi_{jyz}^{(1)+X}n_2 + \alpha_{1i}^{(1)}\phi_{jyz}^{(1)-X}yn_2 - \alpha_{2i}^{(1)}\phi_{jyz}^{(1)+X}xn_2 + \xi_{3i}^{(1)}\phi_{jzz}^{(1)-X}n_3 + \alpha_{1i}^{(1)}\phi_{jzz}^{(1)+X}yn_3 - \alpha_{2i}^{(1)}\phi_{jzz}^{(1)-X}xn_3 \tag{2.4.12}$$

$\boldsymbol{n}\cdot[(\boldsymbol{\xi}_j^{(1)X}+\boldsymbol{\alpha}_j^{(1)X}\times\boldsymbol{X})\cdot\nabla]\nabla\phi_i^{(1)}$ 关于 XOZ 平面的对称部分为

$$\xi_{1j}^{(1)X}\phi_{ixx}^{(1)+}n_1 + \alpha_{2j}^{(1)X}\phi_{ixx}^{(1)+}zn_1 - \alpha_{3j}^{(1)X}\phi_{ixx}^{(1)-}yn_1 + \xi_{1j}^{(1)X}\phi_{ixy}^{(1)-}n_2 + \alpha_{2j}^{(1)X}\phi_{ixy}^{(1)-}zn_2 - \alpha_{3j}^{(1)X}\phi_{ixy}^{(1)+}yn_2 + \xi_{1j}^{(1)X}\phi_{ixz}^{(1)+}n_3 + \alpha_{2j}^{(1)X}\phi_{ixz}^{(1)+}zn_3 - \alpha_{3j}^{(1)X}\phi_{ixz}^{(1)-}yn_3 + \xi_{2j}^{(1)X}\phi_{ixy}^{(1)+}n_1 + \alpha_{3j}^{(1)X}\phi_{ixy}^{(1)+}xn_1 - \alpha_{1j}^{(1)X}\phi_{ixy}^{(1)+}zn_1 + \xi_{2j}^{(1)X}\phi_{iyy}^{(1)-}n_2 + \alpha_{3j}^{(1)X}\phi_{iyy}^{(1)-}xn_2 - \alpha_{1j}^{(1)X}\phi_{iyy}^{(1)-}zn_2 + \xi_{2j}^{(1)X}\phi_{iyz}^{(1)+}n_3 + \alpha_{3j}^{(1)X}\phi_{iyz}^{(1)+}xn_3 -$$

$$\alpha_{1j}^{(1)X}\phi_{iyz}^{(1)-}zn_3+\xi_{3j}^{(1)X}\phi_{ixz}^{(1)+}n_1+\alpha_{1j}^{(1)X}\phi_{ixz}^{(1)-}yn_1-\alpha_{2j}^{(1)X}\phi_{ixz}^{(1)+}xn_1+\xi_{3j}^{(1)X}\phi_{iyz}^{(1)-}n_2+\alpha_{1j}^{(1)X}\phi_{iyz}^{(1)+}yn_2-\alpha_{2j}^{(1)X}\phi_{iyz}^{(1)-}xn_2+\xi_{3j}^{(1)X}\phi_{izz}^{(1)+}n_3+\alpha_{1j}^{(1)X}\phi_{izz}^{(1)-}yn_3-\alpha_{2j}^{(1)X}\phi_{izz}^{(1)+}xn_3 \tag{2.4.13}$$

$\boldsymbol{n}\cdot[(\boldsymbol{\xi}_j^{(1)X}+\boldsymbol{\alpha}_j^{(1)X}\times\boldsymbol{X})\cdot\nabla]\nabla\phi_i^{(1)}$ 关于 XOZ 平面的反对称部分为

$$\xi_{1j}^{(1)X}\phi_{ixx}^{(1)-}n_1+\alpha_{2j}^{(1)X}\phi_{ixx}^{(1)-}zn_1-\alpha_{3j}^{(1)X}\phi_{ixx}^{(1)+}yn_1+\xi_{1j}^{(1)X}\phi_{ixy}^{(1)+}n_2+\alpha_{2j}^{(1)X}\phi_{ixy}^{(1)+}zn_2-\alpha_{3j}^{(1)X}\phi_{ixy}^{(1)-}yn_2+\xi_{1j}^{(1)X}\phi_{ixz}^{(1)-}n_3+\alpha_{2j}^{(1)X}\phi_{ixz}^{(1)-}zn_3-\alpha_{3j}^{(1)X}\phi_{ixz}^{(1)+}yn_3+\xi_{2j}^{(1)X}\phi_{ixy}^{(1)-}n_1+\alpha_{3j}^{(1)X}\phi_{ixy}^{(1)-}xn_1-\alpha_{1j}^{(1)X}\phi_{ixy}^{(1)-}zn_1+\xi_{2j}^{(1)X}\phi_{iyy}^{(1)+}n_2+\alpha_{3j}^{(1)X}\phi_{iyy}^{(1)+}xn_2-\alpha_{1j}^{(1)X}\phi_{iyy}^{(1)+}zn_2+\xi_{2j}^{(1)X}\phi_{iyz}^{(1)-}n_3+\alpha_{3j}^{(1)X}\phi_{iyz}^{(1)-}xn_3-\alpha_{1j}^{(1)X}\phi_{iyz}^{(1)+}zn_3+\xi_{3j}^{(1)X}\phi_{ixz}^{(1)-}n_1+\alpha_{1j}^{(1)X}\phi_{ixz}^{(1)+}yn_1-\alpha_{2j}^{(1)X}\phi_{ixz}^{(1)-}xn_1+\xi_{3j}^{(1)X}\phi_{iyz}^{(1)+}n_2+\alpha_{1j}^{(1)X}\phi_{iyz}^{(1)-}yn_2-\alpha_{2j}^{(1)X}\phi_{iyz}^{(1)+}xn_2+\xi_{3j}^{(1)X}\phi_{izz}^{(1)-}n_3+\alpha_{1j}^{(1)X}\phi_{izz}^{(1)+}yn_3-\alpha_{2j}^{(1)X}\phi_{izz}^{(1)-}xn_3 \tag{2.4.14}$$

2.4.2 二阶自由面强迫项的对称性分解

自由面条件中的强迫项为

$$Q_F^+=\frac{\mathrm{i}\omega_i\phi_i^{(1)}}{4g}\left(-\omega_j^2\frac{\partial\phi_j^{(1)}}{\partial z}+g\frac{\partial^2\phi_j^{(1)}}{\partial z^2}\right)+\frac{\mathrm{i}\omega_j\phi_j^{(1)}}{4g}\left(-\omega_i^2\frac{\partial\phi_i^{(1)}}{\partial z}+g\frac{\partial^2\phi_i^{(1)}}{\partial z^2}\right)-\frac{\mathrm{i}}{2}(\omega_i+\omega_j)\nabla\phi_i^{(1)}\cdot\nabla\phi_j^{(1)}-Q_{\mathrm{II}}^+ \tag{2.4.15}$$

$$Q_F^-=\frac{\mathrm{i}\omega_i\phi_i^{(1)}}{4g}\left(-\omega_j^2\frac{\partial\phi_j^{(1)*}}{\partial z}+g\frac{\partial^2\phi_j^{(1)*}}{\partial z^2}\right)-\frac{\mathrm{i}\omega_j\phi_j^{(1)*}}{4g}\left(-\omega_i^2\frac{\partial\phi_i^{(1)}}{\partial z}+g\frac{\partial^2\phi_i^{(1)}}{\partial z^2}\right)-\frac{\mathrm{i}}{2}(\omega_i-\omega_j)\nabla\phi_i^{(1)}\cdot\nabla\phi_j^{(1)*}-Q_{\mathrm{II}}^- \tag{2.4.16}$$

关于 XOZ 平面的对称部分为

$$Q_F^{\pm S}=\frac{\mathrm{i}}{4g}\omega_i\phi_i^{(1)+}\left(-\omega_j^2\frac{\partial\phi_j^{(1)+X}}{\partial z}+g\frac{\partial^2\phi_j^{(1)+X}}{\partial z^2}\right)+\frac{\mathrm{i}}{4g}\omega_j\phi_j^{(1)+X}\left(-\omega_i^2\frac{\partial\phi_i^{(1)+X}}{\partial z}+g\frac{\partial^2\phi_i^{(1)+X}}{\partial z^2}\right)+\frac{\mathrm{i}}{4g}\omega_i\phi_i^{(1)-}\left(-\omega_j^2\frac{\partial\phi_j^{(1)-X}}{\partial z}+g\frac{\partial^2\phi_j^{(1)-X}}{\partial z^2}\right)+\frac{\mathrm{i}}{4g}\omega_j\phi_j^{(1)-X}\left(-\omega_i^2\frac{\partial\phi_i^{(1)-X}}{\partial z}+g\frac{\partial^2\phi_i^{(1)-X}}{\partial z^2}\right)-\frac{1}{2}\mathrm{i}(\omega_i\pm\omega_j)[(\phi_{ix}^{(1)+}\phi_{jx}^{(1)+X}+\phi_{iy}^{(1)+}\phi_{jy}^{(1)+X}+\phi_{iz}^{(1)+}\phi_{jz}^{(1)+X})+(\phi_{ix}^{(1)-}\phi_{jx}^{(1)-X}+\phi_{iy}^{(1)-}\phi_{jy}^{(1)-X}+\phi_{iz}^{(1)-}\phi_{jz}^{(1)-X})]-\gamma_{ij}^{\pm}\cos k_{ij}^{s\pm}y\cdot\mathrm{e}^{-\mathrm{i}k_{ij}^{c\pm}x} \tag{2.4.17}$$

关于 XOZ 平面的反对称部分为

$$Q_F^{\pm D}=\frac{\mathrm{i}}{4g}\omega_i\phi_i^{(1)+}\left(-\omega_j^2\frac{\partial\phi_j^{(1)-X}}{\partial z}+g\frac{\partial^2\phi_j^{(1)-X}}{\partial z^2}\right)+\frac{\mathrm{i}}{4g}\omega_j\phi_j^{(1)+X}\left(-\omega_i^2\frac{\partial\phi_i^{(1)-X}}{\partial z}+g\frac{\partial^2\phi_i^{(1)-X}}{\partial z^2}\right)+\frac{\mathrm{i}}{4g}\omega_i\phi_i^{(1)-}\left(-\omega_j^2\frac{\partial\phi_j^{(1)+X}}{\partial z}+g\frac{\partial^2\phi_j^{(1)+X}}{\partial z^2}\right)+\frac{\mathrm{i}}{4g}\omega_j\phi_j^{(1)-X}\left(-\omega_i^2\frac{\partial\phi_i^{(1)+X}}{\partial z}+g\frac{\partial^2\phi_i^{(1)+X}}{\partial z^2}\right)-\frac{1}{2}\mathrm{i}(\omega_i\pm\omega_j)[(\phi_{ix}^{(1)+}\phi_{jx}^{(1)-X}+\phi_{iy}^{(1)+}\phi_{jy}^{(1)-X}+\phi_{iz}^{(1)+}\phi_{jz}^{(1)-X})+(\phi_{ix}^{(1)-}\phi_{jx}^{(1)+X}+\phi_{iy}^{(1)-}\phi_{jy}^{(1)+X}+\phi_{iz}^{(1)-}\phi_{jz}^{(1)+X})]+\gamma_{ij}^{\pm}\mathrm{i}\sin k_{ij}^{s\pm}y\cdot\mathrm{e}^{-\mathrm{i}k_{ij}^{c\pm}x} \tag{2.4.18}$$

2.5 平面四边形面元分布面源及偶极的诱导速度计算

本节给出了平面四边形面元分布面源及偶极对场点诱导速度的计算方法。当场点与面元的距离与面元本身特征尺度相当时,速度势以面积分的精确解析解给出。当场点远离面元时,速度势则以面元形心为中心点的多极展开式来表达。

大尺度物体在流场中受力与运动的求解,可以归结为势流流场与物体的交界面的压力积分与物体运动的耦合。而势流问题一般可以利用离散的边界元积分方程的形式来求解。为此需要把物体与流体的交界面离散为一组平面面元,假定在每个面元平面上均布着等强度的源或偶极。最终的势流解问题归结为求解以面元源(偶极)强度为未知数的线性代数方程组。而线性方程组系数矩阵的各项基本元素则是空间内一场点与平面四边形面元上源点的位置坐标为变量的格林函数在面元上的面积分,以及该积分的三个方向导数。

如图 2.5.1 所示为平面四边形面元示意图,顶点的排列顺序为顺时针。面元法向沿右手系 z 轴的方向,面元的周线的法向指向面元外部。

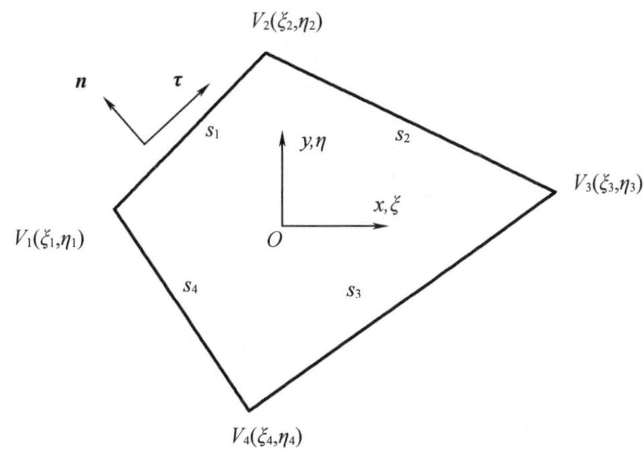

图 2.5.1　平面四边形面元示意图

为考虑问题方便,且不失一般性,取平面四边形面元的中心点为直角坐标系的坐标原点,面元平面落在 xOy 平面上,z 轴垂直于该平面,z 轴的正向即面元的法线方向。面元的四个顶点坐标为 $V_i(\xi_i,\eta_i,0)\ (i=1,2,3,4)$,顶点的序号在 xOy 平面上按顺时针排列,围道积分中围道的走向取为顺时针。记场点空间坐标为 (x,y,z),取 $-\dfrac{1}{4\pi r}$ 为格林函数(这里 r 为场点 $P(x,y,z)$ 到面元上某一点 $(\xi,\eta,0)$ 的距离),则强度为 -4π 的分布源以及偶极的诱导速度势可以分别表示为

$$\Psi = \iint \frac{1}{r}\mathrm{d}s \tag{2.5.1}$$

$$\Phi = \iint \frac{\partial}{\partial n}\left(\frac{1}{r}\right)\mathrm{d}s = \iint \left[\frac{\partial}{\partial \zeta}\left(\frac{1}{r}\right)\right]_{\zeta=0}\mathrm{d}s = -\iint \left[\frac{\partial}{\partial z}\left(\frac{1}{r}\right)\right]_{\zeta=0}\mathrm{d}s = z\iint \frac{1}{r^3}\mathrm{d}s \tag{2.5.2}$$

式中,$r=\sqrt{(x-\xi)^2+(y-\eta)^2+z^2}$,$\mathrm{d}s=\mathrm{d}\xi\mathrm{d}\eta$ 为平面四边形面元上的微元。

我们不仅仅关心诱导速度势的表达式,而且还需要得到各自的三个方向导数,即(Ψ_x,Ψ_y,Ψ_z)及(Φ_x,Φ_y,Φ_z)。容易知道 $\Psi_z=-\Phi$。

如图 2.5.2 所示为均布偶极的平面四边形面元、场点 P,以及以 P 为球心、单位半径的球面。面元在球面上的投影面积等于面元对场点 P 的诱导速度势。

均布源的平面四边形面元的诱导速度有若干种计算方法。Hess & Smith[15]将速度势面积分转化为夹每条边的无限长纵向片体上的半域积分,然后用分部积分法来求解每条边对

总体面积分的贡献。戴遗山[3]则利用平面格林公式，将面积分转化为面元边界的线积分。本文首先参考 Newman[16]提供的方法，得到均布偶极的四边形面元对场点 P 的速度势。其余各项诱导速度则参考戴遗山[3]的方法给出。

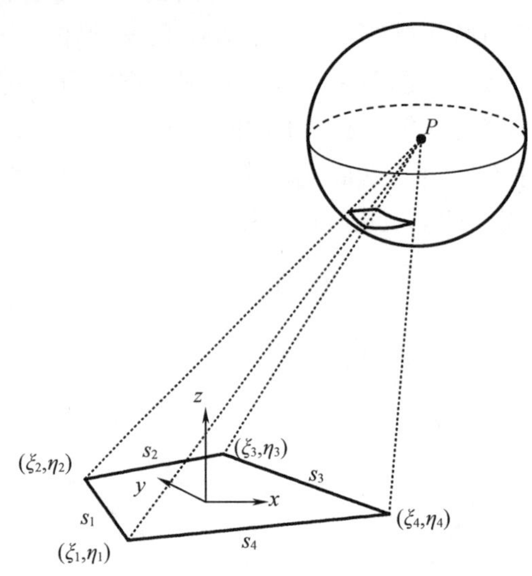

图 2.5.2　均布偶极的平面四边形

场点与源点的相互作用对等，式(2.5.2)实际上相当于强度为 4π 位于 $P(x,y,z)$ 的点源对于四边形面元边界所围空间面的通量。而该通量的大小应当等于从场点 P 观测到的四边形面元的立体角，也就是面元在以 P 为球心、单位半径的球面上的投影面积。该投影曲面可以用以四边形面元为底面，P 点为顶点的锥体，切球面得到，参见图 2.5.2。根据应用于微分几何学的 Gauss - Bonnet 定理，多边形投影到单位半径的球面所得曲面的面积可用下式表达：

$$\Phi = (2 - n)\pi + \sum_{i=1}^{n} \beta_i \tag{2.5.3}$$

式中，n 为多边形边数，β_i 为相邻两边的投影夹角。夹角可在顶点 V_i 对应的投影点所在的切球面的平面上量得。我们实际上可以任取一个垂直于顶点 V_i 与场点 P 连线的平面，β_i 实际上等于两夹边在该平面上投影所得夹角的大小。

我们在这里考虑四边形面元的极端情况，假设场点正好位于面元所在的平面内，此时平面单元在球面上的投影仍在原来的平面上，将无外乎下述几种情况。如果场点落在面元内部，则相当于 $\beta_i = \pi(i=1,2,3,4)$，于是 $\Phi = 2\pi$，这相当于点源透过半个球面的通量；而如果场点落在面元的外部，则 β_i 有两个为 0，其余两个为 π，于是 $\Phi = 0$；当场点 P 恰好在面元的某条边上，则不必将该边向球面作投影(实际上也找不到合适的投影)，考虑此边所在的直线与其他各边在球面上投影所围成的区域。此时，与该边相邻的两个投影夹角为 $\frac{\pi}{2}$，其余的两个则为 π，于是 $\Phi = \pi$。当场点与某个顶点 V_i 重合时，则可以推断投影夹角 β_i 与面元对应的内角相等，而 Φ 等于该内角的大小。

如果场点 P 不在面元所在的平面上，我们可以用下述坐标变换的方法来求解 β_i。先推导 β_i 的表达式，其他 β_i 的表达式可以通过角标轮换得到。坐标变换的目的是让 P 落在坐标变换后的某个坐标轴上，于是 s_1 与 s_4 两边夹角在另两个坐标轴所在平面上的投影 β_1 便容易求得。首先考虑以将 xyz 参考系平移到以顶点(ξ_1,η_1)为原点的位置。于是场点 P 与点 1,2,4 的坐标为

$$\begin{cases}P:(x',y',z')=(x-\xi_1,y-\eta_1,z)\\1:(\xi_1',\eta_1',\zeta_1')=(0,0,0)\\2:(\xi_2',\eta_2',\zeta_2')=(\xi_2-\xi_1,\eta_2-\eta_1,0)\\4:(\xi_4',\eta_4',\zeta_4')=(\xi_4-\xi_1,\eta_4-\eta_1,0)\end{cases}\tag{2.5.4}$$

我们可以用下面的方式来表示点 P 的坐标位置

$$\begin{cases}x'+\mathrm{i}y'=R_1\sin\phi\mathrm{e}^{\mathrm{i}\alpha}\\z'=R_1\cos\phi\end{cases}\tag{2.5.5}$$

式中 R_1 为点 P 到顶点 1 的距离 $R_1=\sqrt{(x-\xi_1)^2+(y-\eta_1)^2+z^2}$。我们固定这几个点的空间位置，首先将坐标轴绕 z 轴旋转 α 角，再绕 y 轴旋转 ϕ 角，则空间点的坐标位置变换为

$$\begin{cases}P:(x'',y'',z'')=(0,0,R_1)\\1:(\xi_1'',\eta_1'',\zeta_1'')=(0,0,0)\\2:(\xi_2'',\eta_2'',\zeta_2'')=[(\xi_2'\cos\alpha+\eta_2'\sin\alpha)\cos\phi,\ -\xi_2'\sin\alpha+\eta_2'\cos\alpha,(\xi_2'\cos\alpha+\eta_2'\sin\alpha)\sin\phi]\\4:(\xi_4'',\eta_4'',\zeta_4'')=[(\xi_4'\cos\alpha+\eta_4'\sin\alpha)\cos\phi,\ -\xi_4'\sin\alpha+\eta_4'\cos\alpha,(\xi_4'\cos\alpha+\eta_4'\sin\alpha)\sin\phi]\end{cases}\tag{2.5.6}$$

在新的坐标系中，线段 V_1V_2 在平面 xOy 上的投影应当落在

$$\frac{\eta_2''}{\xi_2''}=\frac{-\xi_2'\sin\alpha+\eta_2'\cos\alpha}{(\xi_2'\cos\alpha+\eta_2'\sin\alpha)\cos\phi}\tag{2.5.7}$$

而 V_1V_2 与 V_1V_4 夹角在垂直于 PV_1 的平面上的投影可以表示为

$$\beta_1=\tan^{-1}\frac{-\xi_2'\sin\alpha+\eta_2'\cos\alpha}{(\xi_2'\cos\alpha+\eta_2'\sin\alpha)\cos\phi}-\tan^{-1}\frac{-\xi_4'\sin\alpha+\eta_4'\cos\alpha}{(\xi_4'\cos\alpha+\eta_4'\sin\alpha)\cos\phi}\tag{2.5.8}$$

如图 2.5.3 所示为场点 P 及其在面元上的投影与四边形面元一条边的相对位置示意图，注意边的切向与法向的方向规定，以及标量 h_1、U_{11}、U_{12}为正值的方向。

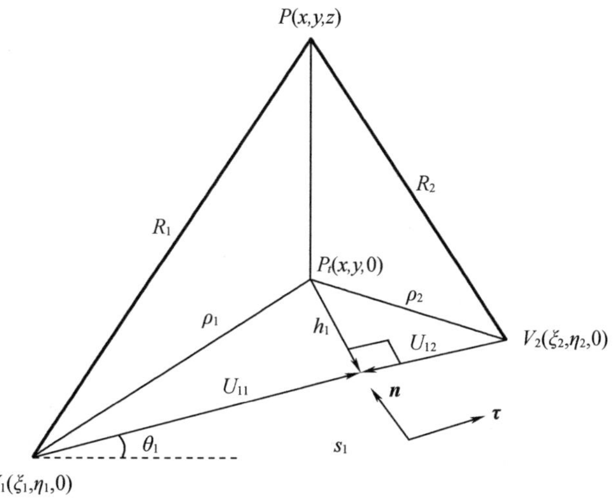

图 2.5.3　场点 P 及其在面元上的投影与四边形面元一条边的相对位置示意图

于是,速度势 Φ 可以表示成四组关于各个顶角的反正切函数的代数和。考虑数值求解的方便性,将关于顶角的四对反正切函数按各条边重新组合。参考图 2.5.3,并考虑到

$$\frac{y'}{x'}=\frac{\sin\alpha}{\cos\alpha},\frac{\eta_2'}{\xi_2'}=\frac{\sin\theta_1}{\cos\theta_1},\boldsymbol{n}=-\sin\theta_1+\mathrm{i}\cos\theta_1,\boldsymbol{\tau}=\cos\theta_1+\mathrm{i}\sin\theta_1$$

$$h_1=-\overrightarrow{V_1P_t}\cdot\boldsymbol{n}=-\overrightarrow{V_2P_t}\cdot\boldsymbol{n},U_{11}=\overrightarrow{V_1P_t}\cdot\boldsymbol{\tau},U_{12}=\overrightarrow{V_2P_t}\cdot\boldsymbol{\tau} \tag{2.5.9}$$

于是可以得到单边 V_1V_2 对速度势 Φ 的贡献

$$\Phi_1=\tan^{-1}\left(\frac{h_1}{z}\frac{R_1}{U_{11}}\right)-\tan^{-1}\left(\frac{h_1}{z}\frac{R_2}{U_{12}}\right) \tag{2.5.10}$$

面元的速度势即四条边对速度势贡献的累加

$$\Phi=\sum_{i=1}^{4}\Phi_i=\sum_{i=1}^{4}\left[\tan^{-1}\left(\frac{h_i}{z}\frac{R_i}{U_{i1}}\right)-\tan^{-1}\left(\frac{h_i}{z}\frac{R_{i+1}}{U_{i2}}\right)\right] \tag{2.5.11}$$

对照式(2.5.3),可以注意到公式右端缺少了 2π。事实上,对于平面四边形面元,以式(2.5.8)形式表达的面元的四个顶角将有两个正值和两个负值,而我们只关心各边所夹的内角大小。于是对于两个负值的夹角,我们需要将式(2.5.8)右端加 π,代入式(2.5.3)后,所加的 2π 正好与右端第一项抵消。

当场点在面元上的投影与面元的某个顶点重合时,式(2.5.10)中对应项的分母为零,我们需要考虑另一种坐标变换的方式得到速度势的表达式。考虑将点 P 以及两个顶点 2 与 4 做如下坐标旋转变换(固定原点位置)。对照式(2.5.5),现将点 P 的球坐标位置表示为

$$\begin{cases}y'=R_1\cos\delta\\ z'+\mathrm{i}x'=R_1\sin\delta\mathrm{e}^{\mathrm{i}\psi}\end{cases} \tag{2.5.12}$$

将点 P 以及两个顶点 2 与 4 位置固定,而将坐标轴绕 y 轴旋转 ψ,再绕 z 轴旋转 δ,则在新坐标系下,它们的坐标位置变为

$$\begin{cases}P:(x'',y'',z'')=(0,R_1,0)\\ 1:(\xi_1'',\eta_1'',\zeta_1'')=(0,0,0)\\ 2:(\xi_2'',\eta_2'',\zeta_2'')=(\xi_2'\cos\psi,\eta_2'\cos\delta+\xi_2'\sin\psi\sin\delta,-\eta_2'\sin\delta+\sin\psi\,\xi_2'\cos\delta)\\ 4:(\xi_4'',\eta_4'',\zeta_4'')=(\xi_4'\cos\psi,\eta_4'\cos\delta+\xi_4'\sin\psi\sin\delta,-\eta'_4\sin\delta+\sin\psi\,\xi_4'\cos\delta)\end{cases} \tag{2.5.13}$$

于是,V_1V_2 与 V_1V_4 夹角在垂直于 PV_1 的平面上的投影可以表示为

$$\beta_1=\tan^{-1}\left[\frac{\xi_2'\cos\psi}{-\eta_2'\sin\delta+\xi_2'\sin\psi\cos\delta}\right]-\tan^{-1}\left[\frac{\xi_4'\cos\psi}{-\eta_4'\sin\delta+\xi_4'\sin\psi\cos\delta}\right] \tag{2.5.14}$$

将式(2.5.12)代入式(2.5.14),并将 β_i 对应的反正切函数按所在边对速度势的贡献重新组合并整理可得

$$\Phi_1=\tan^{-1}\left(\frac{zR_1\xi_1'}{x_1'y_1'\xi_2'-\eta_2'(x_1'^2+z^2)}\right)-\tan^{-1}\left(\frac{zR_2\xi_2'}{x_2'y_2'\xi_2'-\eta_2'(x_2'^2+z^2)}\right) \tag{2.5.15}$$

则面元的速度势为

$$\Phi=\sum_{i=1}^{4}\left(\tan^{-1}\left\{\frac{zR_i\Delta\xi_i}{(x-\xi_i)(y-\eta_i)\Delta\xi_i-[(x-\xi_i)^2+z^2]\Delta\eta_i}\right\}-\right.$$

$$\tan^{-1}\left[\frac{zR_{i+1}\Delta\xi_i}{(x-\xi_{i+1})(y-\eta_{i+1})\Delta\xi_i-[(x-\xi_{i+1})^2+z^2]\Delta\eta_i}\right]\Bigg) \quad (2.5.16)$$

式中，$\Delta\xi_i=\xi_{i+1}-\xi_i$，$\Delta\eta_i=\eta_{i+1}-\eta_i$。

本书的结果与 Newman[16] 给出的形式有所不同，原因是式(2.5.12)的表达方式不同，但式(2.5.16)的结果与 Newman[16] 中的式(2.14)是等价的。值得注意的是，Newman[16] 给出的速度势表达式与戴遗山[3] 中 Ψ_z 的表达式(2.6.6)完全一致，但数值上实际与其相差一负号(也应当互为相反数)，原因是戴遗山[3] 中面元顶点的顺序是逆时针排列，与 Newman[16] 以及本文的规定相反。与戴遗山[3] 的方法比较，Newman[16] 方法通过物理性质的讨论和坐标变换，省去了积分变换过程而直接得到了积分结果。

在求解其他速度势分量之前，我们求解两个后文会用到的沿面元一条边的线积分。

$$Q_i=\int_{V_iV_{i+1}}\frac{1}{r}\mathrm{d}l,\quad P_i=\int_{V_iV_{i+1}}r^{\frac{1}{3}}\mathrm{d}l \quad (2.5.17)$$

下面以面元的第一条边为例。

$$Q_1=\int_{V_1V_2}\frac{1}{r}\mathrm{d}l=\int_0^{l_1}\frac{\mathrm{d}u}{\sqrt{(u-U_{11})^2+h_1^2+z^2}}=\ln\left[u-U_{11}+\sqrt{(u-U_{11})^2+h_1^2+z^2}\right]\Bigg|_{u=0}^{u=l_1}$$

$$=\ln\frac{l_1-U_{11}+R_2}{-U_{11}+R_1}=\ln\frac{R_2-U_{12}}{R_1-U_{11}}=\ln\frac{R_1+U_{11}}{R_2+U_{12}}=\ln\frac{R_1+R_2+l_1}{R_2+R_2-l_1} \quad (2.5.18)$$

上面用到了 $\int\frac{\mathrm{d}x}{\sqrt{x^2+a^2}}=\ln(x+\sqrt{x^2+a^2})+c$，以及 $l_1=U_{11}-U_{12}$，$R_1^2-U_{11}^2=R_2^2-U_{12}^2$。

$$P_1=\int_{V_1V_2}\frac{1}{r^3}\mathrm{d}l=\int_0^{l_1}[(u-U_{11})^2+h_1^2+z^2]^{-\frac{3}{2}}\mathrm{d}u=\frac{u-U_{11}}{(h_1^2+z^2)\sqrt{(u-U_{11})^2+h_1^2+z^2}}\Bigg|_{u=0}^{u=l_1}$$

$$=\frac{1}{h_1^2+z^2}\left[\frac{U_{11}}{R_1}-\frac{U_{12}}{R_2}\right] \quad (2.5.19)$$

上面用到了 $\int(x^2+a^2)^{-\frac{3}{2}}\mathrm{d}x=\frac{x}{a\sqrt{x^2+a^2}}+c$。于是我们有

$$Q_i=\ln\frac{R_i+R_{i+1}+l_i}{R_i+R_{i+1}-l_i},\quad P_i=\frac{1}{h_i^2+z^2}\left[\frac{U_{i1}}{R_i}-\frac{U_{i2}}{R_{i+1}}\right] \quad (2.5.20)$$

值得注意的是，对于三角形 PV_iV_{i+1}，$\frac{U_{i1}}{R_i}$ 和 $-\frac{U_{i2}}{R_{i+1}}$ 是底边所邻两个夹角的余弦，$\sqrt{h_i^2+z^2}$ 为垂直于底边的高。用三角形的余弦定理和海伦公式，容易得到 P_i 的另一种表达方式：

$$P_i=\frac{2l_i(R_i+R_{i+1})}{R_iR_{i+1}(R_i+R_{i+1}+l_i)(R_i+R_{i+1}-l_i)} \quad (2.5.21)$$

我们现在来推导均布源的平面四边形面元速度势 Ψ 的解析表达式，根据恒等式

$$\frac{1}{r}=\frac{\partial}{\partial\xi}\left(\frac{\xi-x}{r}\right)+\frac{\partial}{\partial\eta}\left(\frac{\eta-y}{r}\right)-\frac{z^2}{r^3} \quad (2.5.22)$$

并利用平面格林公式，可以将面元上的面积分转化为边界上的围道积分

$$\Psi=\iint\frac{1}{r}\mathrm{d}\xi\mathrm{d}\eta=\oint\frac{[-(\xi-x)\mathrm{d}\eta+(\eta-y)\mathrm{d}\xi]}{r}-z\Phi \quad (2.5.23)$$

上式中最后一项利用了 $\Phi = z\iint \frac{1}{r^3}\mathrm{d}\xi\mathrm{d}\eta$。

在面元的每条边上有 $-(\xi - x)\mathrm{d}\eta + (\eta - y)\mathrm{d}\xi = [-(\xi - x)\sin\theta_i + (\eta - y)\cos\theta_i]\mathrm{d}l = h_i\mathrm{d}l$。$h_i$ 为场点在面元上的投影点 P_t 到边 s_i 的距离，当 P_t 到垂足的矢量与边的法向 $\boldsymbol{n}$ 一致时为正，否则为负，参见图 2.5.3。将 h_i 的表达式代入式(2.5.23)可以得到

$$\Psi = \sum_{i=1}^{4} h_i Q_i - z\Phi \tag{2.5.24}$$

由式(2.5.24)可以看出 h_iQ_i 决定了 Ψ 的性状。考虑极端情况，场点无限趋近于面元的一条边的时候，由于 h_i 与 $\ln\frac{R_i + R_{i+1} - l_i}{R_i + R_{i+1} + l_i}$ 同时趋近于 0，Ψ 仍将有界。

下面来推导均布源和偶极的平面四边形面元的诱导速度。

应用平面格林公式可以推导出 Ψ_x 和 Ψ_y：

$$\Psi_x = \iint \frac{\partial\left(\frac{1}{r}\right)}{\partial x}\mathrm{d}\xi\mathrm{d}\eta = -\iint \frac{\partial\left(\frac{1}{r}\right)}{\partial \xi}\mathrm{d}\xi\mathrm{d}\eta = \oint \frac{\mathrm{d}\eta}{r} = \sum_{i=1}^{4} Q_i \sin\theta_i = \sum_{i=1}^{4} Q_i \frac{\partial h_i}{\partial x} \tag{2.5.25}$$

$$\Psi_y = \iint \frac{\partial\left(\frac{1}{r}\right)}{\partial y}\mathrm{d}\xi\mathrm{d}\eta = -\iint \frac{\partial\left(\frac{1}{r}\right)}{\partial \eta}\mathrm{d}\xi\mathrm{d}\eta = -\oint \frac{\mathrm{d}\xi}{r} = -\sum_{i=1}^{4} Q_i \cos\theta_i = \sum_{i=1}^{4} Q_i \frac{\partial h_i}{\partial y} \tag{2.5.26}$$

应用相同方法，可以推导出 Φ_x 和 Φ_y 如下：

$$\Phi_x = z\iint \frac{\partial\left(\frac{1}{r^3}\right)}{\partial x}\mathrm{d}\xi\mathrm{d}\eta = -z\iint \frac{\partial\left(\frac{1}{r^3}\right)}{\partial \xi}\mathrm{d}\xi\mathrm{d}\eta = z\oint \frac{\mathrm{d}\eta}{r^3} = z\sum_{i=1}^{4} P_i \sin\theta_i = z\sum_{i=1}^{4} P_i \frac{\partial h_i}{\partial x} \tag{2.5.27}$$

$$\Phi_y = z\iint \frac{\partial\left(\frac{1}{r^3}\right)}{\partial y}\mathrm{d}\xi\mathrm{d}\eta = -z\iint \frac{\partial\left(\frac{1}{r^3}\right)}{\partial \eta}\mathrm{d}\xi\mathrm{d}\eta = z\oint \frac{\mathrm{d}\xi}{r^3} = -z\sum_{i=1}^{4} P_i \cos\theta_i = z\sum_{i=1}^{4} P_i \frac{\partial h_i}{\partial y} \tag{2.5.28}$$

将式(2.5.24)两边对 z 求偏导数可得

$$\Psi_z = \sum_{i=1}^{4} h_i \frac{\partial Q_i}{\partial z} - z\Phi_z - \Phi \tag{2.5.29}$$

注意到 $\Psi z = -\Phi$，于是可以得出

$$\Phi_z = \frac{1}{z}\sum_{i=1}^{4} h_i \frac{\partial Q_i}{\partial z} = \sum_{i=1}^{4} h_i P_i \tag{2.5.30}$$

对 Ψ_x 和 Ψ_y 的求解也可以通过对(2.5.24)式求偏导数来完成，例如

$$\Psi_x = \sum_{i=1}^{4} Q_i \frac{\partial h_i}{\partial x} + \sum_{i=1}^{4} h_i \frac{\partial Q_i}{\partial x} - z\Phi_x \tag{2.5.31}$$

但比照式(2.5.25)可知，式(2.5.31)右手端后两项应当可以相互抵消，直接按式(2.5.31)计算 Ψ_x 反而会降低效率和精度。另外，虽然可以据此来计算 Φ_x，但 Q_i 对 x 的偏导数表达式比较烦琐，还不如式(2.5.27)直接积分求解。

由表达式(2.5.25)至式(2.5.28)和式(2.5.30)可知,速度势和偶极的诱导速度的性状取决于 Q_i、zP_i 或 P_i。对细长比趋于零的面元,我们需要把它的中心点作为场点,求解其相邻的面元对它的诱导速度,这时由于场点趋近于面元边界,各个诱导速度分量都趋近于无穷大,应当尽量避免这一情况发生。另外,当我们关心物体附近离体点(off - body point)的诱导速度的时候,应当避免将离体点置于网格边界附近。在数值计算的时候,可以设定一个距离的小量,当场点到某一边界的距离小于限定值的时候,我们可以不去计算这条边界对诱导速度的贡献。实际上,相邻网格对其共同边界上方某一场点的诱导速度正好相互抵消,因为 Q_i、P_i 的表达式对于两个网格而言正好是相反数,考虑到线积分的方向正好相反。

至此,均布源及偶极的平面四边形面元对场点诱导速度势及其导数的解析表达式均已经给出。分布源和偶极的诱导速度势的解析表达式涉及反正切以及对数函数的计算,当场点远离面元的时候,这些涉及超越函数的表达式将表现为小量相减的形式。于是,无论是考虑精度还是计算效率,都需要将远场量按泰勒级数展开的形式来求解。分布源的平面四边形面元诱导速度势,按面元的局部坐标系原点为中心点做泰勒级数展开可以表示为

$$\Psi = \iint \frac{1}{r}\mathrm{d}\xi\mathrm{d}\eta = \sum_{m=0}^{\infty}\sum_{n=0}^{\infty}\frac{(-1)^{m+n}}{m!n!}I_{mn}\frac{\partial^{m+n}}{\partial x^m \partial y^n}\left(\frac{1}{\sqrt{x^2+y^2+z^2}}\right) \tag{2.5.32}$$

其中,面元的各阶矩为(阶数为 $m+n$ 之和)

$$I_{mn} = \iint \xi^m \eta^n \mathrm{d}\xi\mathrm{d}\eta \tag{2.5.33}$$

对式(2.5.32)的代数展开式求偏导数,可得分布源的诱导速度分量 Ψ_x、Ψ_y 和 Ψ_z,其中的 $\Psi_z = -\Phi$。再对 $-\Psi_z$ 的代数式求偏导数,则可以得到分布偶极的诱导速度分量 Φ_x、Φ_y 和 Φ_z。Hess&Smith[15]将面元的两个对角距离的大值作为特征长度,以其作为场点到面元距离的参考,远场及中间过渡区分别采用多极展开精确到二阶和一阶的表达式,Newman[16]则建议将过渡区域的精度提高到四阶,远场采用两阶精度。数值计算时,可以将坐标原点取在面元的几何中心,这样 I_{01} 与 I_{10} 为零,式(2.5.32)中的对应项可以不用考虑。于是,考虑精确到四阶的表达式需要用到如下的各阶矩。它们可以事先计算好备用。

$$\begin{matrix} I_{00} & 0 & I_{02} & I_{03} & I_{04} \\ 0 & I_{11} & I_{12} & I_{13} & \\ I_{20} & I_{21} & I_{22} & & \\ I_{30} & I_{31} & & & \\ I_{40} & & & & \end{matrix} \tag{2.5.34}$$

Newman[16]给出了 I_{mn} 的递归算法如下。

首先,可以利用平面格林公式将面元上面积分转化为边界上的围道积分

$$I_{mn} = \iint \xi^m \eta^n \mathrm{d}\xi\mathrm{d}\eta = \frac{1}{n+1}\oint \xi^m[\eta(\xi)]^{n+1}\mathrm{d}\xi = \frac{1}{n+1}\sum_{k=1}^{4}\int_{\xi_k}^{\xi_{k+1}}\xi^m[\eta(\xi)]^{n+1}\mathrm{d}\xi \tag{2.5.35}$$

而每条边界上的线积分可以用分部积分推演出 $m+n$ 为常数的积分项的递推关系,以第一条边上的线积分为例

$$I_{mn}^{(1)} = \frac{1}{n+1}\int_{\xi_1}^{\xi_2}\xi^m\eta^{n+1}\mathrm{d}\xi = \frac{1}{(m+1)(n+1)}\int_{\xi_1}^{\xi_2}[\eta(\xi)]^{n+1}\mathrm{d}(\xi^{m+1})$$

$$= \frac{\xi_2^{m+1}\eta_2^{m+1} - \xi_1^{m+1}\eta_1^{m+1}}{(m+1)(n+1)} - \frac{\tan\theta_1}{m+1}\int_{\xi_1}^{\xi_2}\xi^{m+1}\eta^n \mathrm{d}\xi$$

$$= \frac{\xi_2^{m+1}\eta_2^{m+1} - \xi_1^{m+1}\eta_1^{m+1}}{(m+1)(n+1)} - \frac{n\tan\theta_1}{m+1}I_{m+1,n-1}^{(1)} \tag{2.5.36}$$

其中利用了直线段上 $\mathrm{d}\eta = \tan\theta_1 \mathrm{d}\xi$。继续对式(2.5.36)的最后一项做相同的递归操作，直到积分项变为 $I_{m+n,0}^{(1)}$，位列于式(2.5.34)中的第一列。对于 $I_{k,0}^{(1)}$ $(k = m+n)$ 我们可以直接计算

$$I_{k,0}^{(1)} = \frac{\xi_2^{k+1}\eta_2 - \xi_1^{k+1}\eta_1}{k+1} - \frac{\tan\theta_1(\xi_2^{k+1} - \xi_1^{k+1})}{(k+1)(k+2)} \tag{2.5.37}$$

而当面元某一直边 θ_1 趋近于90°时，$\tan\theta_1$ 趋于无穷，式(2.5.37)呈病态。我们可以变换递推的次序，先直接计算 $I_{0,k}^{(1)}$，再按下式递推关系得到其他同阶项。

$$I_{mn}^{(1)} = \frac{\cot\theta_1(\xi_2^m\eta_2^{n+2} - \xi_1^m\eta_1^{n+2})}{(n+1)(n+2)} - \frac{m\cot\theta_1}{n+1}I_{m-1,n+1}^{(1)} \tag{2.5.38}$$

数值计算时，可以按面元边界的线段 $|\tan\theta|$ 是否大于1来选择先计算 $I_{0,k}^{(i)}$ 还是 $I_{k,0}^{(i)}$，进而选择式(2.5.38)或是式(2.5.36)来得到同阶的其他矩。

2.6 三维零航速无限水深频域格林函数的行为分析

坐标系 $Oxyz$ 的 Oxy 平面位于静水面上，z 轴垂直向上。P 为流场内任一点，Q 为点源所在位置。场点 P 坐标为(x,y,z)，源点 Q 坐标为(ξ,η,ζ)。三维无限水深频域格林函数为

$$G(P,Q) = \frac{1}{r} + \int_L \frac{k+v}{k-v}\mathrm{e}^{k(z+\zeta)}\mathrm{J}_0(kR)\mathrm{d}k \tag{2.6.1}$$

J_0 为零阶第一类 Bessel 函数，积分围道 L 在极点 v 附近绕上半圆通过，以满足无穷远处的波外传的辐射条件，$v = \omega^2/g$，其中 ω 为波浪频率，g 为重力加速度，其中

$$R = [(x-\xi)^2 + (y-\eta)^2]^{1/2} \tag{2.6.2}$$

$$r = [R^2 + (z-\zeta)^2]^{1/2} \tag{2.6.3}$$

记 $X = vR$，$Y = v|z+\zeta|$，可以把式(2.6.1)写为

$$G(P,Q) = \frac{1}{r} + vF(X,Y) - 2\pi i v\mathrm{e}^{-Y}\mathrm{J}_0(X) \tag{2.6.4}$$

式中 $F(X,Y)$ 为主值积分，

$$F(X,Y) = ⨍_0^\infty \frac{k+1}{k-1}\mathrm{e}^{-kY}\mathrm{J}_0(kX)\mathrm{d}k = (X^2+Y^2)^{-1/2} - \pi\mathrm{e}^{-Y}[\mathrm{H}_0(X) + \mathrm{Y}_0(X)] - 2\int_0^\infty \mathrm{e}^{t-Y}(X^2+t^2)^{-1/2}\mathrm{d}t \tag{2.6.5}$$

这里 H_0 为零阶 Struve 函数（斯特鲁夫函数），Y_0 为零阶第二类 Bessel 函数。

将式(2.6.5)中 e^t 展成幂级数，得

$$F(X,Y) = (X^2+Y^2)^{-1/2} - 2\mathrm{e}^{-Y}\left\{\mathrm{J}_0(x)\ln(Y/X + \sqrt{1+Y^2/X^2}) + \frac{\pi}{2}Y_0(X) + \frac{\pi}{2x}H_0(X)\sqrt{X^2+Y^2} + \sqrt{X^2+Y^2}\sum_{m=0}^\infty\sum_{n=1}^\infty C_{mn}X^{2m}Y^N\right\} \tag{2.6.6}$$

式中

$$C_{0n}=[(n+1)(n+1)!]^{-1},C_{mn}=-\left(\frac{n+2}{n+1}\right)C_{m-1,n+2} \tag{2.6.7}$$

由式(2.6.6)看出,当场点靠近源点,并且接近自由面时,$F(X,Y)$中存在着对数奇点。

将式(2.6.1)中的围道积分变换到虚轴上,可以得到$G(P,Q)$的另一种形式,

$$G(P,Q)=\frac{1}{r}+\frac{1}{r_1}+\frac{4v}{\pi}\int_0^{\infty}\frac{1}{k^2+v^2}\{k\sin[k(z+\zeta)]-v\cos[k(z+\zeta)]\}\mathrm{K}_0(kR)\mathrm{d}k-2\pi i v\mathrm{e}^{v(z+\zeta)}\mathrm{H}_0^{(2)}(vR) \tag{2.6.8}$$

式中$\mathrm{H}_0^{(2)}$是Hankel函数,K_0是变形Hankel函数,

$$r_1=[(x-\xi)^2+(y-\eta)^2+(z+\zeta)^2]^{1/2} \tag{2.6.9}$$

下面考虑$G(P,Q)$的远场行为。当$kR\to\infty$时,$\mathrm{K}_0(kR)$是指数小的量,将$(k^2+v^2)^{-1}$展成v^2的幂级数,可得

$$\int_0^{\infty}k^n\begin{matrix}\sin\\ \cos\end{matrix}k(z+\zeta)\mathrm{K}_0(kR)\mathrm{d}k=R^{-n-1}\int_0^{\infty}\lambda^n\begin{matrix}\sin\\ \cos\end{matrix}\frac{\lambda(z+\zeta)}{R}\mathrm{K}_0(\lambda)\mathrm{d}\lambda=O(R^{-n-1}) \tag{2.6.10}$$

故

$$G(P,Q)=\frac{1}{r}+\frac{1}{r_1}-\frac{4}{\pi}\int_0^{\infty}\cos[k(z+\zeta)]\mathrm{K}_0(kR)\mathrm{d}k-2\pi i v\mathrm{e}^{v(z+\zeta)}\mathrm{H}_0^{(2)}(vR)+O(v^{-1}R^{-2}) \tag{2.6.11}$$

由

$$\int_0^{\infty}\cos k(z+\zeta)\mathrm{K}_0(kR)\mathrm{d}k=\frac{\pi}{2r_1} \tag{2.6.12}$$

$$\frac{1}{r}=\frac{1}{r_1}+O(z\zeta r_1^{-3})=\frac{1}{r_1}+O(\zeta R^{-2}) \tag{2.6.13}$$

故

$$G(P,Q)=-2\pi i v\mathrm{e}^{v(z+\zeta)}\mathrm{H}_0^{(2)}(vR)+O(v^{-1}R^{-2})+O(\zeta R^{-2}) \tag{2.6.14}$$

王如森[19]给出了详细的$G(P,Q)$及其导数的计算和使用Chebyshev多项式(切比雪夫多项式)逼近的方法。关于Chebyshev多项式的理论及使用方法,请参看Fox和Parker[20]、Mason和Hanscomb[21]的书。

2.7 三维零航速有限水深频域格林函数的行为分析

水深为h,三维有限水深频域格林函数$G(P,Q)$为

$$G(P,Q)=\frac{1}{r}+\frac{1}{r_2}+2\int_L\frac{(k+v)\cosh k(\zeta+h)\cosh k(z+h)}{k\sinh kh-v\cosh kh}\mathrm{e}^{-kh}\mathrm{J}_0(kR)\mathrm{d}k \tag{2.7.1}$$

积分围道L在极点v附近绕上半圆通过,其中

$$r_2=[(x-\xi)^2+(y-\eta)^2+(z+\zeta+2h)^2]^{1/2} \tag{2.7.2}$$

利用$\frac{1}{r}$和$\frac{1}{r_2}$的Bessel函数积分表示,可得

$$G(P,Q) = \int_L p(k)\mathrm{J}_0(kR)\mathrm{d}k \tag{2.7.3}$$

式中

$$p(k) = \frac{2\cosh k(\zeta+h)(k\cosh kz + v\sinh kz)}{k\sinh kh - v\cosh kh} \tag{2.7.4}$$

$p(k)$是亚纯函数,它的极点为$\pm k_0$和$\pm \mathrm{i}k_n (n=1,2,\cdots)$,故有

$$p(k) = 4\frac{k_0^2 - v^2}{hk_0^2 - hv^2 + v}\frac{k}{k^2 - k_0^2}\cosh k_0(\zeta + h)\cosh k_0(z+h) + 4\sum_{n=1}^{\infty}\frac{k_n^2 + v^2}{h\,k_n^2 + hv^2 - v}\frac{k}{k^2 + k_n^2}\cos k_n(\zeta + h)\cos k_n(z+h) \tag{2.7.5}$$

利用如下等式,

$$\int_0^{\infty}\frac{k\mathrm{J}_0(kR)}{k^2 + k_n^2}\mathrm{d}k = \mathrm{K}_0(k_n R) \tag{2.7.6}$$

$$\int_0^{\infty}\frac{k\mathrm{J}_0(kR)}{k^2 - k_0^2}\mathrm{d}k = -\frac{\pi \mathrm{i}}{2}\mathrm{H}_0^{(2)}(k_0 R) \tag{2.7.7}$$

故有

$$G(P,Q) = \mathrm{i}2\pi\frac{v^2 - k_0^2}{hk_0^2 - hv^2 + v}\cosh k_0(\zeta + h)\cosh k_0(z+h)\mathrm{H}_0^{(2)}(k_0 R) + 4\sum_{n=1}^{\infty}\frac{k_n^2 + v^2}{hk_n^2 + hv^2 - v}\cos k_n(\zeta + h)\cos k_n(z+h)\mathrm{K}_0(k_n R) \tag{2.7.8}$$

当$R\to\infty$时,得到$G(P,Q)$的远场行为如下,

$$G(P,Q) = \mathrm{i}2\pi\frac{v^2 - k_0^2}{hk_0^2 - hv^2 + v}\cosh k_0(\zeta + h)\cosh k_0(z+h)\mathrm{H}_0^{(2)}(k_0 R) + O(\mathrm{e}^{-\pi R/h}) \tag{2.7.9}$$

定义如下的无因次量,

$$X = vR, Y = -vz, Z = -v\zeta, H = vh, k = v\kappa$$

式(2.7.1)的实部可以写为下式,

$$\mathrm{Re}(G) = vL(X, Y-Z, H) + vL(X, 2H-Y-Z, H) \tag{2.7.10}$$

这里

$$L(X,V,H) = (X^2 + V^2)^{-1/2} + \int_0^{\infty}\frac{(\kappa + 1)\cosh(\kappa v)}{\kappa\sinh\kappa H - \cosh\kappa H}\mathrm{e}^{-\kappa H}\mathrm{J}_0(\kappa X)\mathrm{d}\kappa \tag{2.7.11}$$

色散关系为

$$\kappa_0\tanh\kappa_0 H = 1 \tag{2.7.12}$$

做下面的变换,

$$L(X,V,H) = (X^2 + V^2)^{-1/2} + F(X, 2H-V) + F(X, 2H+V) + \int_0^{\infty}\left\{\frac{1}{\kappa\sinh\kappa H - \cosh\kappa H} - \frac{2\mathrm{e}^{-\kappa H}}{\kappa - 1}\right\}(\kappa + 1)\cosh(\kappa V)\mathrm{e}^{-\kappa h}\mathrm{J}_0(\kappa X)\mathrm{d}\kappa \tag{2.7.13}$$

$F(X,2H-V)$和$F(X,2H+V)$的定义如式(2.6.5)。通过这样的变换,当$\kappa\to\infty$时,主值积分中的被积函数趋于零,加快了它的收敛速度。在计算式(2.7.13)的主值积分时,在

极点 κ_0 和 $\kappa=1$ 附近，如图 2.7.1 变换积分围道，以避免计算精度的损失。

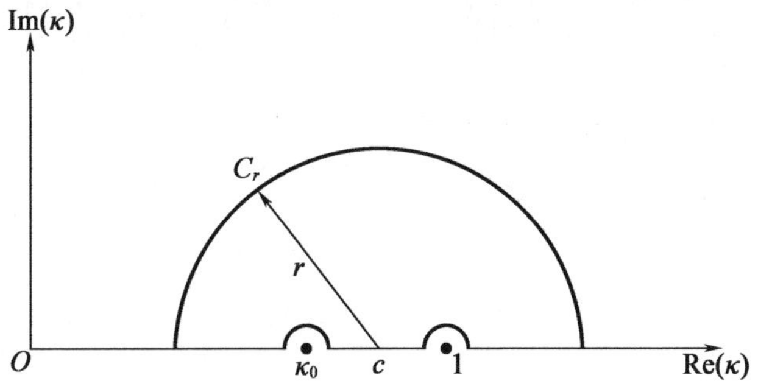

图 2.7.1 变换积分围道

令

$$f(\kappa)=(\kappa+1)\cosh(\kappa V)\mathrm{e}^{-\kappa H}\mathrm{J}_0(\kappa X) \tag{2.7.14}$$

则

$$\begin{aligned} g_I &= \int_0^{\infty}\left\{\frac{1}{\kappa\sinh\kappa H-\cosh\kappa H}-\frac{2\mathrm{e}^{-\kappa H}}{\kappa-1}\right\}f(\kappa)\mathrm{d}\kappa \\ &= \left(\int_0^{c-r}+\int_{c+r}^{\infty}\right)\left\{\frac{1}{\kappa\sinh\kappa H-\cosh\kappa H}-\frac{2\mathrm{e}^{-\kappa H}}{\kappa-1}\right\}f(\kappa)\mathrm{d}\kappa+ \\ &\quad \mathrm{i}\pi[\mathrm{Res}(\kappa=\kappa_0)+\mathrm{Res}(\kappa=1)]- \\ &\quad \mathrm{i}\int_{C_r}\left\{\frac{1}{\kappa\sinh\kappa H-\cosh\kappa H}-\frac{2\mathrm{e}^{-\kappa H}}{\kappa-1}\right\}f(\kappa)r\mathrm{e}^{\mathrm{i}\theta}\mathrm{d}\theta \end{aligned} \tag{2.7.15}$$

在 C_r 上积分时，θ 由 0 到 π，$k=c+r\mathrm{e}^{\mathrm{i}\theta}$。两个极点处的留数为

$$\mathrm{Res}(\kappa=\kappa_0)=\frac{(\kappa_0^2-1)\cosh(\kappa_0 V)\mathrm{J}_0(\kappa_0 X)}{\kappa_0^2 H-H+1} \tag{2.7.16}$$

$$\mathrm{Res}(\kappa=1)=-4\mathrm{e}^{-2H}\cosh V\mathrm{J}_0(X) \tag{2.7.17}$$

当 $H\to 0$ 时，主值积分 g_I 中存在奇异项。利用指数积分的展开式，有下面的结果，

$$\begin{aligned} &\int_0^{\infty}\kappa^{2n}(\kappa+1)\cosh(\kappa V)\mathrm{e}^{-\kappa H}\left(\frac{1}{\kappa\sinh\kappa H-\cosh\kappa H}-\frac{2\mathrm{e}^{-\kappa H}}{\kappa-1}\right)\mathrm{d}\kappa \\ &= \frac{-2\kappa_0^{2n}(\kappa_0^2-1)\cosh(\kappa_0 V)\ln(\kappa_0 H)}{\kappa_0^2 H-H+1}-4\mathrm{e}^{-2H}\cosh V\ln H+(\cdots) \end{aligned} \tag{2.7.18}$$

被忽略的项$(\cdots)$是 H 的规则函数。在使用 Chebyshev 多项式对 $L(X,V,H)$ 做逼近计算时，将 $L(X,V,H)$ 的计算结果减去式(2.7.18)右端的奇异项($n=0,1,2$)，就可以使用较少的项数获得高精度的计算结果。

当$\dfrac{R}{h}>\dfrac{1}{2}$时，可以使用级数表达式计算 $G(p,q)$。当$\dfrac{R}{h}<\dfrac{1}{2}$时，使用积分表达式计算$G(p,q)$。

当 X 接近零时，对所有的 V 值，式(2.7.13)里的积分是个规则函数。如同三维零航速无限水深频域格林函数一样，当场点靠近源点，并且接近自由面时，在 $L(X,V,H)$ 中存在着对数奇点。

2.8 有限水深镜像源格林函数的计算

设水深为 h，入射波频率 $\omega=\infty$ 的格林函数为

$$G_I=\frac{1}{\sqrt{R^2+(z-\zeta)^2}}-\frac{1}{\sqrt{R^2+(z+\zeta)^2}}+\sum_{\substack{n=-\infty\\n\neq0}}^{\infty}(-1)^n\left[\frac{1}{\sqrt{R^2+(z-\zeta+2nh)^2}}-\frac{1}{\sqrt{R^2+(z+\zeta+2nh)^2}}\right]\tag{2.8.1}$$

入射波频率 $\omega=0$ 的格林函数为

$$G_Z=\frac{1}{\sqrt{R^2+(z-\zeta)^2}}+\frac{1}{\sqrt{R^2+(z+\zeta)^2}}+\sum_{\substack{n=-\infty\\n\neq0}}^{\infty}\left[\frac{1}{\sqrt{R^2+(z-\zeta+2nh)^2}}+\frac{1}{\sqrt{R^2+(z+\zeta+2nh)^2}}\right]\tag{2.8.2}$$

G_I 在自由面上满足齐次 Dirichlet(狄利克雷)条件、在底面上满足齐次 Neumann(诺伊曼)条件；G_Z 在自由面和底面上同时满足齐次 Neumann 条件。

令 $\widetilde{R}=R/h,Z_M=|z-\zeta|/h,Z_P=|z+\zeta|/h$，则

$$G_I=\frac{G_{IM}}{h}+\frac{G_{IP}}{h}\tag{2.8.3}$$

$$G_Z=\frac{G_{ZM}}{h}+\frac{G_{ZP}}{h}\tag{2.8.4}$$

这里

$$G_{IM}=\frac{1}{\sqrt{\widetilde{R}^2+Z_M^2}}+\sum_{\substack{n=-\infty\\n\neq0}}^{\infty}\frac{(-1)^n}{\sqrt{\widetilde{R}^2+(Z_M+2n)^2}}\tag{2.8.5}$$

$$G_{IP}=-\frac{1}{\sqrt{\widetilde{R}^2+Z_P^2}}-\sum_{\substack{n=-\infty\\n\neq0}}^{\infty}\frac{(-1)^n}{\sqrt{\widetilde{R}^2+(Z_P+2n)^2}}\tag{2.8.6}$$

$$G_{ZM}=\frac{1}{\sqrt{\widetilde{R}^2+Z_M^2}}+\sum_{\substack{n=-\infty\\n\neq0}}^{\infty}\frac{1}{\sqrt{\widetilde{R}^2+(Z_M+2n)^2}}\tag{2.8.7}$$

$$G_{ZP}=\frac{1}{\sqrt{\widetilde{R}^2+Z_P^2}}+\sum_{\substack{n=-\infty\\n\neq0}}^{\infty}\frac{1}{\sqrt{\widetilde{R}^2+(Z_P+2n)^2}}\tag{2.8.8}$$

令级数 G^+ 和 G^- 为

$$G^+=\frac{1}{\sqrt{\widetilde{R}^2+Z^2}}+\sum_{\substack{n=-\infty\\n\neq0}}^{\infty}\left[\frac{1}{\sqrt{\widetilde{R}^2+(Z+2n)^2}}-\frac{1}{2|n|}\right]\tag{2.8.9}$$

$$G^-=\frac{1}{\sqrt{\widetilde{R}^2+Z^2}}+\sum_{\substack{n=-\infty\\n\neq0}}^{\infty}(-1)^n\left[\frac{1}{\sqrt{\widetilde{R}^2+(Z+2n)^2}}-\frac{1}{2|n|}\right]\tag{2.8.10}$$

这里 $0\leqslant Z\leqslant1$。由傅里叶级数与无穷和的关系(Gradshteyn & Ryzhik[6],8.526)，可以得到

$$G^{+}=2\sum_{m=1}^{\infty}\cos(m\pi Z)K_0(m\pi\widetilde{R})-\gamma-\ln\left(\frac{1}{4}\widetilde{R}\right) \tag{2.8.11}$$

$$G^{-}=2\sum_{m=0}^{\infty}\cos\left[\left((m+\frac{1}{2}\right)\pi Z\right]K_0\left[\left(m+\frac{1}{2}\right)\pi\widetilde{R}\right]+\ln 2 \tag{2.8.12}$$

式中，γ 是欧拉常数，$\gamma=0.577\ 215\ 66$。

上面两个式子适合 $\widetilde{R}>1$ 的 G^+ 和 G^- 计算。当 $\widetilde{R}<1$ 时，可以使用积分表达式计算。使用距离倒数与 Bessel 函数的关系式，得到

$$G^{+}=\frac{1}{\sqrt{\widetilde{R}^2+Z^2}}+\frac{1}{\sqrt{\widetilde{R}^2+(Z+2)^2}}+\frac{1}{\sqrt{\widetilde{R}^2+(Z-2)^2}}-1+\int_0^{\infty}\left[I_{+}(k,Z,\widetilde{R})-2e^{-2k}\cosh(kZ)J_0(k\widetilde{R})+2e^{-2k}\right]dk \tag{2.8.13}$$

$$G^{-}=\frac{1}{\sqrt{\widetilde{R}^2+Z^2}}-\frac{1}{\sqrt{\widetilde{R}^2+(Z+2)^2}}-\frac{1}{\sqrt{\widetilde{R}^2+(Z-2)^2}}+1-\int_0^{\infty}\left[I_{-}(k,Z,\widetilde{R})-2e^{-2k}\cosh(kZ)J_0(k\widetilde{R})+2e^{-2k}\right]dk \tag{2.8.14}$$

其中

$$I_{+}(k,Z,\widetilde{R})=e^{-k}\operatorname{csch}k[\cosh(kZ)J_0(k\widetilde{R})-1] \tag{2.8.15}$$

$$I_{-}(k,Z,\widetilde{R})=e^{-k}\operatorname{sech}k[\cosh(kZ)J_0(k\widetilde{R})-1] \tag{2.8.16}$$

可以使用 Chebyshev 多项式逼近 G^+ 和 G^-，以方便数值分析时使用，

$$G^{+}=\frac{1}{\sqrt{\widetilde{R}^2+Z^2}}+\frac{1}{\sqrt{\widetilde{R}^2+(Z+2)^2}}+\frac{1}{\sqrt{\widetilde{R}^2+(Z-2)^2}}-1+\sum_{m,n}a_{mn}^{+}\widetilde{R}^{2m}Z^{2n} \tag{2.8.17}$$

$$G^{-}=\frac{1}{\sqrt{\widetilde{R}^2+Z^2}}-\frac{1}{\sqrt{\widetilde{R}^2+(Z+2)^2}}-\frac{1}{\sqrt{\widetilde{R}^2+(Z-2)^2}}+1-\sum_{m,n}a_{mn}^{-}\widetilde{R}^{2m}Z^{2n} \tag{2.8.18}$$

Newman[23] 给出了 a_{mn}^{+} 和 a_{mn}^{-} 的值。

以 G_I 为例，说明计算方法。注意到

$$\ln 2=\int_0^{\infty}e^{-k}\sec hk\mathrm{d}k=\sum_{n=1}^{\infty}\frac{(-1)^{n-1}}{n} \tag{2.8.19}$$

当 $\widetilde{R}>1$ 时，

$$G_{IM}=2\sum_{m=0}^{\infty}\cos\left[\left(m+\frac{1}{2}\right)\pi Z_M\right]K_0\left[\left(m+\frac{1}{2}\right)\pi\widetilde{R}\right] \tag{2.8.20}$$

$$G_{IP}=2\sum_{m=0}^{\infty}\cos\left[\left(m+\frac{1}{2}\right)\pi Z_P\right]K_0\left[\left(m+\frac{1}{2}\right)\pi\widetilde{R}\right] \tag{2.8.21}$$

当 $\widetilde{R}<1$ 时，

$$G_{IM}=\frac{1}{\sqrt{\widetilde{R}^2+Z_M^2}}-\frac{1}{\sqrt{\widetilde{R}^2+(Z_M+2)^2}}-\frac{1}{\sqrt{\widetilde{R}^2+(Z_M-2)^2}}+1-\sum_{m,n}a_{mn}^{-}\widetilde{R}^{2m}Z_M^{2n}-\ln 2 \tag{2.8.22}$$

若 $\widetilde{R}<1, Z_P<1$，

$$G_{IP} = -\frac{1}{\sqrt{\widetilde{R}^2 + Z_P^2}} + \frac{1}{\sqrt{\widetilde{R}^2 + (Z_P+2)^2}} + \frac{1}{\sqrt{\widetilde{R}^2 + (Z_P-2)^2}} - 1 + \sum_{m,n} a_{mn}^{-} \widetilde{R}^{2m} Z_P^{2n} + \ln 2 \tag{2.8.23}$$

若 $\widetilde{R}<1, Z_P>1$，

$$G_{IP} = \frac{1}{\sqrt{\widetilde{R}^2 + (Z_P-2)^2}} - \frac{1}{\sqrt{\widetilde{R}^2 + Z_P^2}} - \frac{1}{\sqrt{\widetilde{R}^2 + (Z_P-4)^2}} + 1 - \sum_{m,n} a_{mn}^{-} \widetilde{R}^{2m} (Z_P-2)^{2n} - \ln 2 \tag{2.8.24}$$

因为 G_Z 在自由面和底面上需要同时满足齐次 Neumann 条件，在 G_Z 中增减常数不影响 G_Z 的使用，故可以用 G^+ 来计算 G_Z。

2.9 三维无限水深时域格林函数的计算

针对时间变量大小的不同，Newman[23] 给出了三维无限水深时域格林函数的行为分析，据此制定了分区间段的算法。

将 Bessel 函数替换为它的积分表示，可以得到用 Dawson 积分（道森积分）表示的三维无限水深时域格林函数的新表达式，积分区间由无限长变为有限长。当源点和场点都接近自由面时，被积函数呈现强烈的振荡性，新表达式收敛缓慢，运用 Taylor（泰勒）展开，使用 Kochin 给出的源点和场点都在自由面上的三维无限水深时域格林函数的结果，就得到了三维无限水深时域格林函数的渐近和表示[25]。

基于系统辨识的原理，Clément[26] 导出了三维无限水深时域格林函数满足的四阶常微分方程，常微分方程的系数是常数，使用 Runge－kutta（龙格库塔）法对常微分方程步进求解，就可以得到三维无限水深时域格林函数的值。但在定常移动坐标系中，三维无限水深时域格林函数满足的常微分方程的系数不再是常数，与时间有关，求解困难。

本节对三种方法逐一介绍。

2.9.1 Newman 方法

无限水深时域格林函数为

$$G(P,Q,t) = G^{(0)}(P,Q)\delta(t) + \widetilde{G}(P,Q,t) \tag{2.9.1}$$

式中，$\delta(t)$ 为 Dirac Delta 函数，$G^{(0)}(P,Q)$ 为三维无限水深格林函数的瞬态部分，$\widetilde{G}(P,Q,t)$ 为记忆部分，

$$G^{(0)}(P,Q) = \frac{1}{r} - \frac{1}{r_1} \tag{2.9.2}$$

$$\widetilde{G}(P,Q,t) = 2\int_0^{\infty} \sqrt{gk}\sin(t\sqrt{gk})\mathrm{e}^{k(z+\zeta)}\mathrm{J}_0(kR)\,\mathrm{d}k \tag{2.9.3}$$

Newman[23] 给出了级数展开、围道积分、渐近积分相结合 $\widetilde{G}(P,Q,t)$ 的计算方法。

采用如图 2.9.1 所示的球坐标系，$\cos\theta = -(z+\zeta)/r_1$，$\sin\theta = R/r_1$。做如下的变量代换，$\lambda = kr_1$，$\tau = t\sqrt{g/r_1}$，可得

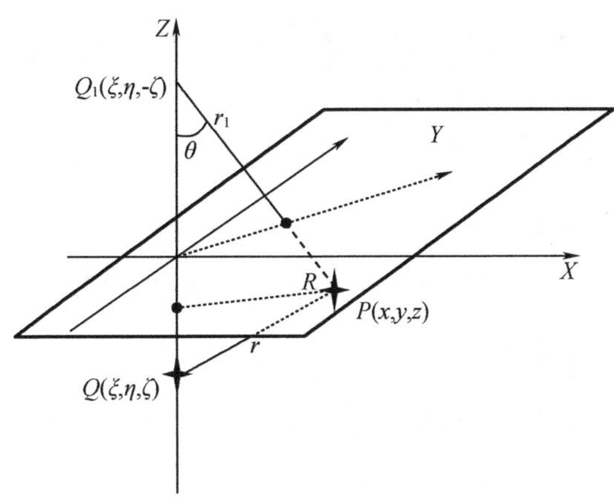

图 2.9.1　球坐标系

$$\widetilde{G}(P,Q,t) = 2\sqrt{g}r_1^{-3/2}G_1 \tag{2.9.4}$$

$$\widetilde{G}_t(P,Q,t) = 2gr_1^{-2}G_2 \tag{2.9.5}$$

$$\widetilde{G}_Z(P,Q,t) = 2\sqrt{g}r_1^{-5/2}G_3 \tag{2.9.6}$$

$$\widetilde{G}_R(P,Q,t) = -2\sqrt{g}r_1^{-5/2}G_4 \tag{2.9.7}$$

其中

$$G_1 = \mathrm{Im}\left[F\left(\frac{1}{2}\right)\right] \tag{2.9.8}$$

$$G_2 = \mathrm{Re}[F(1)] \tag{2.9.9}$$

$$G_3 = \mathrm{Im}\left[F\left(\frac{3}{2}\right)\right] \tag{2.9.10}$$

$$G_4 = \frac{1}{\sin\theta}\left(\frac{3}{2}G_1 + \frac{\tau}{2}G_2 - G_3\cos\theta\right), \sin\theta \neq 0 \tag{2.9.11}$$

$$F(p) = \int_0^\infty \lambda^p \mathrm{e}^{\mathrm{i}\sqrt{\lambda}\tau} \mathrm{J}_0(\lambda\sin\theta)\mathrm{e}^{-\lambda\cos\theta}\mathrm{d}\lambda \tag{2.9.12}$$

可见 $\widetilde{G}(P,Q,t)$ 及其导数的计算归结为含有两个参数 $\cos\theta$ 和 τ 的函数 $F(p)$ $\left(p = \frac{1}{2}, 1, \frac{3}{2}\right)$的问题，计算域为$(0<\tau<\infty, 0<\theta<\pi/2)$。被积函数的振荡特性使得直接计算较为困难，按照 τ 大小来寻求相应的近似表达式是可行的办法。

τ 较小时，将 $F(p)$ 中的 $\mathrm{e}^{\mathrm{i}\sqrt{\lambda}\tau}$ 用 Taylor 级数展开，

$$F(p) = \sum_{n=0}^{\infty} \frac{(\mathrm{i}\tau)^n}{n!} \int_0^\infty \lambda^{p+\frac{n}{2}} \mathrm{J}_0(\lambda\sin\theta)\mathrm{e}^{-\lambda\cos\theta}\mathrm{d}\lambda \tag{2.9.13}$$

用等式（Gradshteyn & Ryzhik[6]，6.624）

$$\int_0^\infty \lambda^v \mathrm{J}_0(\lambda\sin\theta)\mathrm{e}^{-\lambda\cos\theta}\mathrm{d}\lambda = \Gamma(v+1)P_v(\cos\theta) \tag{2.9.14}$$

得到

$$F(p)=\sum_{n=0}^{\infty}\frac{(\mathrm{i}\tau)^n}{n!}\Gamma\left(\frac{n}{2}+p+1\right)P_{\frac{n}{2}+p}(c)$$

$$=\mathrm{i}\sum_{n=0}^{\infty}\frac{(-1)^n\tau^{2n+1}}{(2n+1)!}\Gamma\left(n+\frac{1}{2}+p+1\right)P_{n+\frac{1}{2}+p}(c)+$$

$$\sum_{n=0}^{\infty}\frac{(-1)^n\tau^{2n}}{(2n)!}\Gamma(n+p+1)P_{n+p}(c)\tag{2.9.15}$$

τ 较大时，将 $F(p)$ 的变量做置换 $\lambda=\omega^2$，有

$$F(p)=2\int_0^{\infty}\omega^{2p+1}\mathrm{e}^{\mathrm{i}\omega\tau}\mathrm{J}_0(\omega^2\sin\theta)\mathrm{e}^{-\omega^2\cos\theta}\mathrm{d}\omega\tag{2.9.16}$$

用 Hankel 函数的和替代 Bessel 函数，

$$\mathrm{J}_0(\omega^2\sin\theta)=\frac{1}{2}[\mathrm{H}_0^{(1)}(\omega^2\sin\theta)+\mathrm{H}_0^{(2)}(\omega^2\sin\theta)]\tag{2.9.17}$$

其中

$$\mathrm{H}_0^{(1)}(\omega^2\sin\theta)=\sqrt{\frac{2}{\pi\omega^2\sin\theta}}\mathrm{e}^{\mathrm{i}\left(\omega^2\sin\theta-\frac{\pi}{4}\right)}\sum_{n=0}^{\infty}C_n\left(\frac{-\mathrm{i}}{\omega^2\sin\theta}\right)^n\tag{2.9.18}$$

$$\mathrm{H}_0^{(2)}(\omega^2\sin\theta)=\sqrt{\frac{2}{\pi\omega^2\sin\theta}}\mathrm{e}^{-\mathrm{i}\left(\omega^2\sin\theta-\frac{\pi}{4}\right)}\sum_{n=0}^{\infty}C_n\left(\frac{\mathrm{i}}{\omega^2\sin\theta}\right)^n\tag{2.9.19}$$

$$C_n=\frac{\left[\Gamma\left(n+\frac{1}{2}\right)\right]^2}{\pi 2^n n!}=\frac{(2n-1)!!\ (2n-1)!!}{8^n n!}\tag{2.9.20}$$

相函数为

$$h_1(\omega)=-\omega^2\mathrm{e}^{-\mathrm{i}\theta}+\mathrm{i}\omega\tau,h_2(\omega)=-\omega^2\mathrm{e}^{\mathrm{i}\theta}+\mathrm{i}\omega\tau\tag{2.9.21}$$

对应的驻点为

$$\omega_1=\frac{1}{2}\mathrm{i}\tau\mathrm{e}^{\mathrm{i}\theta},\omega_2=\frac{1}{2}\mathrm{i}\tau\mathrm{e}^{-\mathrm{i}\theta}\tag{2.9.22}$$

故有

$$h_1(\omega)=-\frac{\tau^2}{4}\mathrm{e}^{\mathrm{i}\theta}-(\omega-\omega_1)^2\mathrm{e}^{-\mathrm{i}\theta}\tag{2.9.23}$$

$$h_2(\omega)=-\frac{\tau^2}{4}\mathrm{e}^{-\mathrm{i}\theta}-(\omega-\omega_2)^2\mathrm{e}^{\mathrm{i}\theta}\tag{2.9.24}$$

可以得到如图 2.9.2 所示的积分围道 L_0、L_1 和 L_2，

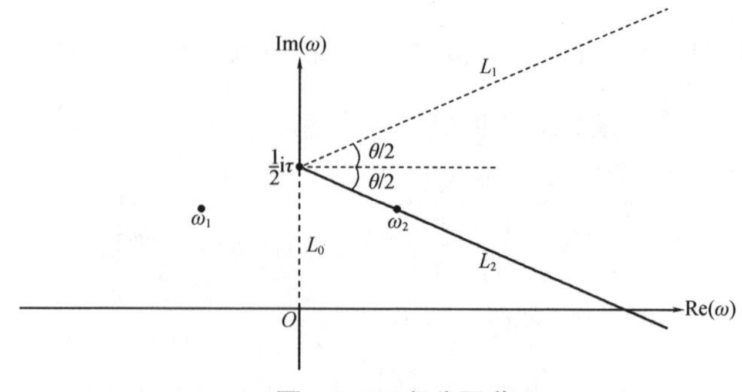

图 2.9.2　积分围道

故把 $F(p)$ 做如下的分解：

$$F(p)=2f_0(p)+f_1(p)+f_2(p) \tag{2.9.25}$$

其中

$$f_0(p)=\int_0^{\frac{1}{2}\mathrm{i}\tau}\omega^{2p+1}\mathrm{e}^{\mathrm{i}\omega\tau}\mathrm{J}_0(\omega^2\sin\theta)\mathrm{e}^{-\omega^2\cos\theta}\mathrm{d}\omega \tag{2.9.26}$$

$$f_1(p)=\int_{\frac{1}{2}\mathrm{i}\tau}^{\infty}\omega^{2p+1}\mathrm{e}^{\mathrm{i}\omega\tau}\mathrm{H}_0^{(1)}(\omega^2\sin\theta)\mathrm{e}^{-\omega^2\cos\theta}\mathrm{d}\omega \tag{2.9.27}$$

$$f_2(p)=\int_{\frac{1}{2}\mathrm{i}\tau}^{\infty}\omega^{2p+1}\mathrm{e}^{\mathrm{i}\omega\tau}\mathrm{H}_0^{(2)}(\omega^2\sin\theta)\mathrm{e}^{-\omega^2\cos\theta}\mathrm{d}\omega \tag{2.9.28}$$

由 Bessel 函数与 Legendre 函数的关系式，有

$$\mathrm{e}^{-\omega^2\cos\theta}\mathrm{J}_0(\omega^2\sin\theta)=\sum_{n=0}^{\infty}\frac{(-1)^n\omega^{2n}}{n!}P_n(\cos\theta) \tag{2.9.29}$$

可以得到

$$f_0(p)=\int_0^{\frac{1}{2}\mathrm{i}\tau}\omega^{2p+1}\mathrm{e}^{\mathrm{i}\omega\tau}\sum_{n=0}^{\infty}\frac{(-1)^n\omega^{2n}}{n!}P_n(\cos\theta)\mathrm{d}\omega\approx\left(\frac{\mathrm{i}}{\tau}\right)^{2p+2}\sum_{n=0}^{\infty}\frac{P_n(\cos\theta)\Gamma(2p+2+2n)}{\tau^{2n}} \tag{2.9.30}$$

存在 $\theta_0\left(0<\theta_0<\frac{\pi}{2}\right)$，当 $\theta<\theta_0$ 时，$f_1(p)$ 和 $f_2(p)$ 是指数小量，式(2.9.30)是大 τ 时的 $F(p)$ 完整渐近展开。当 $\theta>\theta_0$ 时，$f_1(p)$ 和 $f_2(p)$ 中的 Hankel 函数的自变量为 $0(\tau)$ 或更大，可以进行渐近分析。积分 $f_1(p)$ 的鞍点在第二象限，可以忽略 $f_1(p)$。积分 $f_2(p)$ 为

$$f_2(p)=\sqrt{\frac{2}{\pi\sin\theta}}\mathrm{e}^{\mathrm{i}\frac{\pi}{4}}\sum_{n=0}^{\infty}C_n\left(\frac{\mathrm{i}}{\sin\theta}\right)^n\int_{\frac{1}{2}\mathrm{i}\tau}^{\infty}\omega^{2p-2n}\mathrm{e}^{-\omega^2\mathrm{e}^{\mathrm{i}\theta}+\mathrm{i}\omega\tau}\mathrm{d}\omega \tag{2.9.31}$$

它的鞍点在第一象限，可以将积分路径改变到最陡下降围道 L_2 上进行渐近分析，为此做变量代换，

$$\omega=\omega_2(-\mathrm{i}v\mathrm{e}^{\mathrm{i}\theta/2}+1) \tag{2.9.32}$$

得到

$$f_2(p)=\sqrt{\frac{2}{\pi\sin\theta}}\mathrm{e}^{-\frac{\tau^2}{4}\mathrm{e}^{-\mathrm{i}\theta}+\frac{\mathrm{i}\theta}{2}-\frac{\mathrm{i}\pi}{4}}\sum_{n=0}^{\infty}C_n\left(\frac{\mathrm{i}}{\sin\theta}\right)^n\omega_2^{2p-2n+1}\int_{-2\sin\theta/2}^{\infty}\mathrm{e}^{-\frac{1}{4}\tau^2v^2}(1-\mathrm{i}\mathrm{e}^{\mathrm{i}\theta/2}v)^{2p-2n}\mathrm{d}v \tag{2.9.33}$$

把被积函数对 $v=0$ 展开，用 $-\infty$ 代替积分下限，可以得到

$$f_2\left(\frac{1}{2}\right)\approx\omega_2\sqrt{\frac{2}{\sin\theta}}\mathrm{e}^{-\frac{\tau^2}{4}\mathrm{e}^{-\mathrm{i}\theta}-\frac{\mathrm{i}\theta}{2}+\frac{\mathrm{i}\pi}{4}}\left\{\left[\sum_{n=1}^{N}C_n\left(\frac{\mathrm{i}}{\sin\theta}\right)^n\omega_2^{-2n}\left(1+\sum_{m=1}^{N-n}d_{nm}\left(\frac{1}{2}\right)\omega_n^{-2m}\mathrm{e}^{-\mathrm{i}\theta m}\right)\right]+C_0\right\} \tag{2.9.34}$$

$$f_2(1)\approx\omega_2^2\sqrt{\frac{2}{\sin\theta}}\mathrm{e}^{-\frac{\tau^2}{4}\mathrm{e}^{-\mathrm{i}\theta}-\frac{\mathrm{i}\theta}{2}+\frac{\mathrm{i}\pi}{4}}\left\{\left[\sum_{n=2}^{N}C_n\left(\frac{\mathrm{i}}{\sin\theta}\right)^n\omega_2^{-2n}(1+\sum_{m=1}^{N-n}d_{nm}(1)\omega_2^{-2m}\mathrm{e}^{-\mathrm{i}\theta m})\right]+C_1\frac{\mathrm{i}\omega_2^{-2}}{\sin\theta}+C_0\left(1-\frac{2}{\tau^2}\mathrm{e}^{\mathrm{i}\theta}\right)\right\} \tag{2.9.35}$$

$$f_2\left(\frac{3}{2}\right) \approx \omega_2^3 \sqrt{\frac{2}{\sin\theta}} e^{-\frac{\tau^2}{4}e^{-i\theta}-\frac{i\theta}{2}+\frac{i\pi}{4}}$$

$$\left\{\left[\sum_{n=2}^{N} C_n\left(\frac{i}{\sin\theta}\right)^n \omega_2^{-2n}\left(1+\sum_{m=1}^{N-n} d_{nm}\left(\frac{3}{2}\right)\omega_2^{-2m}e^{-i\theta m}\right)\right] + C_1\frac{i\omega_2^{-2}}{\sin\theta} + C_0\left(1-\frac{6}{\tau^2}e^{i\theta}\right)\right\} \tag{2.9.36}$$

其中

$$d_{nm}(p) = \frac{(2m+2n-2p-1)!}{(2n-2p-1)!\ 2^{2m}m!} \tag{2.9.37}$$

计算策略如下：

(1)当 τ 小时，用级数表达式(2.9.15)计算 $F(p)$；

(2)对于中等的 τ 值，当 $\cos\theta \geqslant \frac{1}{2}$ 时，沿实轴积分计算 $F(p)$；

(3)对于中等的 τ 值，当 $\cos\theta < \frac{1}{2}$ 时，在复平面上计算 $F(p)$，即沿着 L_0 计算 $f_0(p)$，沿着 L_1 计算 $f_1(p)$，沿着 L_2 计算 $f_2(p)$；

(4)当 τ 大时，用渐近展开式(2.9.30)、式(2.9.34)、式(2.9.35)、式(2.9.36)计算$F(p)$。

当 $\sin\theta=0$ 时，可以得到

$$G_1 = \mathrm{DAW}\left(\frac{\tau}{2}\right) + \frac{\tau}{2} - \frac{\tau^2}{2}\mathrm{DAW}\left(\frac{\tau}{2}\right) \tag{2.9.38}$$

$$G_2 = 1 - \frac{3\tau}{2}\mathrm{DAW}\left(\frac{\tau}{2}\right) - \frac{\tau^2}{4} + \frac{\tau^3}{4}\mathrm{DAW}\left(\frac{\tau}{2}\right) \tag{2.9.39}$$

$$G_3 = \frac{3}{2}\mathrm{DAW}\left(\frac{\tau}{2}\right) + \frac{5\tau}{4} - \frac{3\tau^2}{2}\mathrm{DAW}\left(\frac{\tau}{2}\right) - \frac{\tau^3}{8} + \frac{\tau^4}{8}\mathrm{DAW}\left(\frac{\tau}{2}\right) \tag{2.9.40}$$

$$G_4 = 0 \tag{2.9.41}$$

这里 DAW(z)为 Dawson 积分，

$$\mathrm{DAW}(z) = e^{-z^2}\int_0^z e^{t^2}dt \tag{2.9.42}$$

2.9.2 Dawson 积分方法

令 $\mu = -(z+\zeta)/r_1$，得到

$$G_1 = \int_0^\infty \sqrt{\lambda}\sin(\sqrt{\lambda}\tau)e^{-\lambda\mu}J_0(\lambda\sqrt{1-\mu^2})d\lambda \tag{2.9.43}$$

$$G_2 = \int_0^\infty \lambda\cos(\sqrt{\lambda}\tau)e^{-\lambda\mu}J_0(\lambda\sqrt{1-\mu^2})d\lambda \tag{2.9.44}$$

$$G_3 = \int_0^\infty \sqrt{\lambda^3}\sin(\sqrt{\lambda}\tau)e^{-\lambda\mu}J_0(\lambda\sqrt{1-\mu^2})d\lambda \tag{2.9.45}$$

Bessel 函数可以表示为

$$J_0(\lambda\sqrt{1-\mu^2}) = \frac{1}{\pi}\int_0^\pi \cos(\lambda\sqrt{1-\mu^2}\cos\theta)d\theta = \frac{2}{\pi}\int_0^{\frac{\pi}{2}}\cos(\lambda\sqrt{1-\mu^2}\cos\theta)d\theta \tag{2.9.46}$$

带入 Bessel 函数的积分形式,交换积分次序,得到

$$G_1 = \frac{2}{\pi}\int_0^{\frac{\pi}{2}}\int_0^{\infty}\sqrt{\lambda}\sin(\sqrt{\lambda}\tau)e^{-\lambda\mu}\cos(\lambda\sqrt{1-\mu^2}\cos\theta)d\lambda d\theta \tag{2.9.47}$$

$$G_2 = \frac{2}{\pi}\int_0^{\frac{\pi}{2}}\int_0^{\infty}\lambda\cos(\sqrt{\lambda}\tau)e^{-\lambda\mu}\cos(\lambda\sqrt{1-\mu^2}\cos\theta)d\lambda d\theta \tag{2.9.48}$$

$$G_3 = \frac{2}{\pi}\int_0^{\frac{\pi}{2}}\int_0^{\infty}\sqrt{\lambda^3}\sin(\sqrt{\lambda}\tau)e^{-\lambda\mu}\cos(\lambda\sqrt{1-\mu^2}\cos\theta)d\lambda d\theta \tag{2.9.49}$$

使用 Dawson 积分,上述三式可以表示为

$$G_1 = \frac{2}{\pi}\int_0^{\frac{\pi}{2}}\left[\frac{1}{2a_1^3}\mathrm{DAW}\left(\frac{\tau}{2a_1}\right)+\frac{\tau}{4a_1^4}-\frac{\tau^2}{4a_1^5}\mathrm{DAW}\left(\frac{\tau}{2a_1}\right)+\frac{1}{2a_2^3}\mathrm{DAW}\left(\frac{\tau}{2a_2}\right)+\frac{\tau}{4a_2^4}-\frac{\tau^2}{4a_2^5}\mathrm{DAW}\left(\frac{\tau}{2a_2}\right)\right]d\theta \tag{2.9.50}$$

$$G_2 = \frac{2}{\pi}\int_0^{\pi}\left[\frac{1}{2a_1^4}-\frac{3\tau}{4a_1^5}\mathrm{DAW}\left(\frac{\tau}{2a_1}\right)-\frac{\tau^2}{8a_1^6}+\frac{\tau^3}{8a_1^7}\mathrm{DAW}\left(\frac{\tau}{2a_1}\right)+\frac{1}{2a_2^4}-\frac{3\tau}{4a_2^5}\mathrm{DAW}\left(\frac{\tau}{2a_2}\right)-\frac{\tau^2}{8a_2^6}+\right.$$
$$\left.\frac{\tau^3}{8a_2^7}\mathrm{DAW}\left(\frac{\tau}{2a_2}\right)\right]d\theta \tag{2.9.51}$$

$$G_3 = \frac{2}{\pi}\int_0^{\frac{\pi}{2}}\left[\frac{3}{4a_1^5}\mathrm{DAW}\left(\frac{\tau}{2a_1}\right)+\frac{5\tau}{8a_1^6}-\frac{3\tau^2}{4a_1^7}\mathrm{DAW}\left(\frac{\tau}{2a_1}\right)-\frac{\tau^3}{16a_1^8}+\frac{\tau^4}{16a_1^9}\mathrm{DAW}\left(\frac{\tau}{2a_1}\right)+\right.$$
$$\left.\frac{3}{4a_2^5}\mathrm{DAW}\left(\frac{\tau}{2a_2}\right)+\frac{5\tau}{8a_2^6}-\frac{3\tau^2}{4a_2^7}\mathrm{DAW}\left(\frac{\tau}{2a_2}\right)-\frac{\tau^3}{16a_2^8}+\frac{\tau^4}{16a_2^9}\mathrm{DAW}\left(\frac{\tau}{2a_2}\right)\right]d\theta \tag{2.9.52}$$

这里 DAW 是 Dawson 积分,a_1 和 a_2 是复变量,定义为

$$a_1^2=\mu-\mathrm{i}\cos\theta\sqrt{1-\mu^2} \tag{2.9.53}$$

$$a_2^2=\mu+\mathrm{i}\cos\theta\sqrt{1-\mu^2} \tag{2.9.54}$$

当场点和源点接近自由面时，可以对 $e^{-\lambda\mu}$进行 Taylor 展开，

$$G_1 = \int_0^{\infty}\sqrt{\lambda}\sin(\sqrt{\lambda}\tau)\left\{1-\lambda\mu+\frac{(\lambda\mu)^2}{2!}-\frac{(\lambda\mu)^3}{3!}+O[(\lambda\mu)^4]\right\}J_0(\lambda\sqrt{1-\mu^2})d\lambda$$
$$= F_0-\mu F_2+\frac{\mu^2}{2!}F_4-\frac{\mu^3}{3!}F_6+O(\mu^4) \tag{2.9.55}$$

$$G_2 = \int_0^{\infty}\lambda\cos(\sqrt{\lambda}\tau)\left\{1-\lambda\mu+\frac{(\lambda\mu)^2}{2!}-\frac{(\lambda\mu)^3}{3!}+O[(\lambda\mu)^4]\right\}J_0(\lambda\sqrt{1-\mu^2})d\lambda$$
$$= F_1-\mu F_3+\frac{\mu^2}{2!}F_5-\frac{\mu^3}{3!}F_7+O(\mu^4) \tag{2.9.56}$$

$$G_3 = \int_0^{\infty}\sqrt{\lambda^3}\sin(\sqrt{\lambda}\tau)\left\{1-\lambda\mu+\frac{(\lambda\mu)^2}{2!}-\frac{(\lambda\mu)^3}{3!}+O[(\lambda\mu)^4]\right\}J_0(\lambda\sqrt{1-\mu^2})d\lambda$$
$$= F_2-\mu F_4+\frac{\mu^2}{2!}F_6-\frac{\mu^3}{3!}F_8+O(\mu^4) \tag{2.9.57}$$

其中

$$F_0=\frac{\pi\omega^3}{2\sqrt{2}(1-\mu^2)^{\frac{3}{4}}}\left[J_{\frac{1}{4}}\left(\frac{\omega^2}{2}\right)J_{-\frac{1}{4}}\left(\frac{\omega^2}{2}\right)^2+J_{\frac{3}{4}}\left(\frac{\omega^2}{2}\right)J_{-\frac{3}{4}}\left(\frac{\omega^2}{2}\right)\right] \tag{2.9.58}$$

$$F_1=\frac{\pi\omega^2}{2\sqrt{2}(1-\mu^2)}\left\{J_{\frac{1}{4}}\left(\frac{\omega^2}{2}\right)J_{-\frac{1}{4}}\left(\frac{\omega^2}{2}\right)-\omega^2\left[J_{\frac{1}{4}}\left(\frac{\omega^2}{2}\right)J_{\frac{3}{4}}-J_{-\frac{1}{4}}\left(\frac{\omega^2}{2}\right)J_{-\frac{3}{4}}\left(\frac{\omega^2}{2}\right)\right]\right\} \tag{2.9.59}$$

$$F_2=\frac{\pi\omega^2}{2\sqrt{2}(1-\mu^2)}\left\{-J_{\frac{1}{4}}\left(\frac{\omega^2}{2}\right)J_{-\frac{1}{4}}\left(\frac{\omega^2}{2}\right)+3\omega^2\left[J_{\frac{1}{4}}\left(\frac{\omega^2}{2}\right)J_{\frac{3}{4}}\left(\frac{\omega^2}{2}\right)-J_{-\frac{1}{4}}\left(\frac{\omega^2}{2}\right)J_{-\frac{3}{4}}\left(\frac{\omega^2}{2}\right)\right]+\right.$$
$$\left.2\omega^4\left[J_{\frac{1}{4}}\left(\frac{\omega^2}{2}\right)J_{-\frac{1}{4}}\left(\frac{\omega^2}{2}\right)+J_{\frac{3}{4}}\left(\frac{\omega^2}{2}\right)J_{-\frac{3}{4}}\left(\frac{\omega^2}{2}\right)\right]\right\} \tag{2.9.60}$$

$$F_3=\frac{\pi\omega^2}{8\sqrt{2}(1-\mu^2)^{\frac{3}{2}}}\left\{(4-4\omega^4)\left[J_{\frac{1}{4}}\left(\frac{\omega^2}{2}\right)J_{\frac{3}{4}}\left(\frac{\omega^2}{2}\right)-J_{-\frac{1}{4}}\left(\frac{\omega^2}{2}\right)J_{-\frac{3}{4}}\left(\frac{\omega^2}{2}\right)\right]+\right.$$
$$\left.2\omega^2\left[7J_{\frac{1}{4}}\left(\frac{\omega^2}{2}\right)J_{-\frac{1}{4}}\left(\frac{\omega^2}{2}\right)+5J_{\frac{3}{4}}\left(\frac{\omega^2}{2}\right)J_{-\frac{3}{4}}\left(\frac{\omega^2}{2}\right)\right]\right\} \tag{2.9.61}$$

$$F_4=\frac{-\pi\omega^3}{8\sqrt{2}(1-\mu^2)^{\frac{7}{4}}}\left\{(25-4\omega^4)\left[J_{\frac{1}{4}}\left(\frac{\omega^2}{2}\right)J_{-\frac{1}{4}}\left(\frac{\omega^2}{2}\right)+(9-4\omega^4)J_{\frac{3}{4}}\left(\frac{\omega^2}{2}\right)J_{-\frac{3}{4}}\left(\frac{\omega^2}{2}\right)\right]-\right.$$
$$\left.20\omega^2\left[J_{\frac{1}{4}}\left(\frac{\omega^2}{2}\right)J_{\frac{3}{4}}\left(\frac{\omega^2}{2}\right)-J_{-\frac{1}{4}}\left(\frac{\omega^2}{2}\right)J_{-\frac{3}{4}}\left(\frac{\omega^2}{2}\right)\right]\right\} \tag{2.9.62}$$

$$F_5=\frac{\pi\omega^2}{8\sqrt{2}(1-\mu^2)^2}\left\{(25-32\omega^4)J_{\frac{1}{4}}\left(\frac{\omega^2}{2}\right)J_{-\frac{1}{4}}\left(\frac{\omega^2}{2}\right)-28\omega^4J_{\frac{3}{4}}\left(\frac{\omega^2}{2}\right)J_{-\frac{3}{4}}\left(\frac{\omega^2}{2}\right)+\right.$$
$$\left.(-47\omega^2+4\omega^6)\left[J_{\frac{1}{4}}\left(\frac{\omega^2}{2}\right)J_{\frac{3}{4}}\left(\frac{\omega^2}{2}\right)-J_{-\frac{1}{4}}\left(\frac{\omega^2}{2}\right)J_{-\frac{3}{4}}\left(\frac{\omega^2}{2}\right)\right]\right\} \tag{2.9.63}$$

$$F_6=\frac{\pi}{16\sqrt{2}(1-\mu^2)^{\frac{9}{4}}}\left\{(25\omega-254\omega^5+8\omega^9)J_{\frac{1}{4}}\left(\frac{\omega^2}{2}\right)J_{-\frac{1}{4}}\left(\frac{\omega^2}{2}\right)+(-178\omega^5+8\omega^9)\cdot\right.$$
$$\left.J_{\frac{3}{4}}\left(\frac{\omega^2}{2}\right)J_{-\frac{3}{4}}\left(\frac{\omega^2}{2}\right)+(-119\omega^3+84\omega^7)\left[J_{\frac{1}{4}}\left(\frac{\omega^2}{2}\right)J_{\frac{3}{4}}\left(\frac{\omega^2}{2}\right)-J_{-\frac{1}{4}}\left(\frac{\omega^2}{2}\right)J_{-\frac{3}{4}}\left(\frac{\omega^2}{2}\right)\right]\right\} \tag{2.9.64}$$

$$F_7=\frac{-\pi\omega^2}{16\sqrt{2}(1-\mu^2)^{\frac{5}{2}}}\left\{(627\omega^2-116\omega^6)J_{\frac{1}{4}}\left(\frac{\omega^2}{2}\right)J_{-\frac{1}{4}}\left(\frac{\omega^2}{2}\right)+(297\omega^2-108\omega^6)\cdot\right.$$
$$\left.J_{\frac{3}{4}}\left(\frac{\omega^2}{2}\right)J_{-\frac{3}{4}}\left(\frac{\omega^2}{2}\right)+(72-426\omega^4+8\omega^8)\left[J_{\frac{1}{4}}\left(\frac{\omega^2}{2}\right)J_{\frac{3}{4}}\left(\frac{\omega^2}{2}\right)-J_{-\frac{1}{4}}\left(\frac{\omega^2}{2}\right)J_{-\frac{3}{4}}\left(\frac{\omega^2}{2}\right)\right]\right\} \tag{2.9.65}$$

$$F_8=\frac{-\pi}{32\sqrt{2}(1-\mu^2)^{\frac{11}{4}}}\left\{(2\,025-1\,664\omega^4+16\omega^8)J_{\frac{1}{4}}\left(\frac{\omega^2}{2}\right)J_{-\frac{1}{4}}\left(\frac{\omega^2}{2}\right)+(441-1\,392\omega^4+16\omega^8)\cdot\right.$$
$$\left.J_{\frac{3}{4}}\left(\frac{\omega^2}{2}\right)J_{-\frac{3}{4}}\left(\frac{\omega^2}{2}\right)+(-2\,628+288\omega^4)\left[J_{\frac{1}{4}}\left(\frac{\omega^2}{2}\right)J_{\frac{3}{4}}\left(\frac{\omega^2}{2}\right)-J_{-\frac{1}{4}}\left(\frac{\omega^2}{2}\right)J_{-\frac{3}{4}}\left(\frac{\omega^2}{2}\right)\right]\right\} \tag{2.9.66}$$

这里

$$\omega=(1-\mu^2)^{-\frac{1}{4}}\cdot\frac{\tau}{2} \tag{2.9.67}$$

表 2.9.1 给出了 $\mu=0.5$ 时的 Dawson 积分方法求得的各函数值。

表 2.9.1 Dawson 积分方法求得的各函数值

τ	G_1	G_2	G_3
5.00	$-0.483\,603\times10^{-1}$	0.401 706	0.670 742
10.00	$-0.423\,673\times10^{-2}$	$0.122\,619\times10^{-2}$	$-0.144\,544\times10^{-3}$
15.00	$-0.121\,610\times10^{-2}$	$0.247\,228\times10^{-3}$	$0.672\,262\times10^{-4}$
20.00	$-0.507\,418\times10^{-3}$	$0.768\,450\times10^{-4}$	$0.155\,499\times10^{-4}$
25.00	$-0.258\,441\times10^{-3}$	$0.312\,068\times10^{-4}$	$0.503\,161\times10^{-5}$
30.00	$-0.149\,131\times10^{-3}$	$0.149\,784\times10^{-4}$	$0.200\,794\times10^{-5}$

2.9.3 微分方程法

令 $c=-(z+\zeta)/r_1, s=R/r_1$,则

$$G_1=\int_0^{\infty}\sqrt{k}\mathrm{e}^{-kc}\mathrm{J}_0(ks)\sin\sqrt{k}\tau\mathrm{d}k \tag{2.9.68}$$

$$G_2=\int_0^{\infty}k\mathrm{e}^{-kc}\mathrm{J}_0(ks)\cos\sqrt{k}\tau\mathrm{d}k \tag{2.9.69}$$

$$G_3=\int_0^{\infty}\sqrt{k^3}\mathrm{e}^{-kc}\mathrm{J}_0(ks)\sin\sqrt{k}\tau\mathrm{d}k \tag{2.9.70}$$

令 $\omega=k\tau^2, u=1/\tau^2$,则

$$G_1=\int_0^{\infty}u^{\frac{3}{2}}\sqrt{\omega}\mathrm{e}^{-\omega uc}\mathrm{J}_0(\omega us)\sin\sqrt{\omega}\mathrm{d}\omega \tag{2.9.71}$$

$$G_2=\int_0^{\infty}u^2\omega\mathrm{e}^{-\omega uc}\mathrm{J}_0(\omega us)\cos\sqrt{\omega}\mathrm{d}\omega \tag{2.9.72}$$

$$G_3=\int_0^{\infty}u^{\frac{5}{2}}\omega^{\frac{3}{2}}\mathrm{e}^{-\omega uc}\mathrm{J}_0(\omega us)\sin\sqrt{\omega}\mathrm{d}\omega \tag{2.9.73}$$

令 $H(u)=u^{\frac{3}{2}}\mathrm{e}^{-\omega uc}\mathrm{J}_0(\omega us)$,有

$$G_1=\int_0^{\infty}H\sqrt{\omega}\sin\sqrt{\omega}\mathrm{d}\omega \tag{2.9.74}$$

G_1 对时间参数 τ 的 1,2,3,4 阶导数为

$$G_1^{(1)}(\tau)=\int_0^{\infty}k\mathrm{e}^{-kc}\mathrm{J}_0(ks)\cos\sqrt{k}\tau\mathrm{d}k=\frac{1}{\tau}\int_0^{\infty}H\omega\cos\sqrt{\omega}\mathrm{d}\omega \tag{2.9.75}$$

$$G_1^{(2)}(\tau)=-\int_0^{\infty}k^{\frac{3}{2}}\mathrm{e}^{-kc}\mathrm{J}_0(ks)\sin\sqrt{k}\tau\mathrm{d}k=-\frac{1}{\tau^2}\int_0^{\infty}H\omega\sqrt{\omega}\sin\sqrt{\omega}\mathrm{d}\omega \tag{2.9.76}$$

$$G_1^{(3)}(\tau)=-\int_0^{\infty}k^2\mathrm{e}^{-kc}\mathrm{J}_0(ks)\cos\sqrt{k}\tau\mathrm{d}k=-\frac{1}{\tau^3}\int_0^{\infty}H\omega^2\cos\sqrt{\omega}\mathrm{d}\omega \tag{2.9.77}$$

$$G_1^{(4)}(\tau)=\int_0^{\infty}k^{\frac{5}{2}}\mathrm{e}^{-kc}\mathrm{J}_0(ks)\sin\sqrt{k}\tau\mathrm{d}k=\frac{1}{\tau^4}\int_0^{\infty}H\omega^2\sqrt{\omega}\sin\sqrt{\omega}\mathrm{d}\omega \tag{2.9.78}$$

由零阶 Bessel 函数满足的微分方程,可得

$$\frac{\tau^6}{4}\cdot\frac{\partial^2H}{\partial\tau^2}+\left(\frac{7\tau^5}{4}-\omega c\tau^3\right)\cdot\frac{\partial H}{\partial\tau}+\left(\omega^2-2\omega c\tau^2+\frac{9\tau^4}{4}\right)\cdot H=0 \tag{2.9.79}$$

两边同时乘以$\sqrt{\omega}\sin\sqrt{\omega}$，并对 ω 从 0 到∞积分，将 G_1 对时间参数 τ 的各阶导数代入，得到

$$G_1^{(4)}+c\tau G_1^{(3)}+\left(\frac{\tau^2}{4}+4c\right)G_1^{(2)}+\frac{7\tau}{4}G_1^{(1)}+\frac{9}{4}G_1=0 \tag{2.9.80}$$

利用 G_1 及其各阶导数的表达式，可得上述微分方程的初值条件为

$$G_1(0)=0,G_1^{(1)}(0)=c,G_1^{(2)}(0)=0,G_1^{(3)}(0)=1-3c^2 \tag{2.9.81}$$

令 $K(u)=u^2\mathrm{e}^{-\omega uc}\mathrm{J}_0(\omega us)$，有

$$G_2=\int_0^\infty K\omega\cos\sqrt{\omega}\,\mathrm{d}\omega \tag{2.9.82}$$

G_2 对时间参数 τ 的 1,2,3,4 阶导数为

$$G_2^{(1)}(\tau)=-\int_0^\infty k^{\frac{3}{2}}\mathrm{e}^{-kc}\mathrm{J}_0(ks)\sin\sqrt{k}\tau\mathrm{d}k=-\frac{1}{\tau}\int_0^\infty K\omega\sqrt{\omega}\sin\sqrt{\omega}\,\mathrm{d}\omega \tag{2.9.83}$$

$$G_2^{(2)}(\tau)=-\int_0^\infty k^2\mathrm{e}^{-kc}\mathrm{J}_0(ks)\cos\sqrt{k}\tau\mathrm{d}k=-\frac{1}{\tau^2}\int_0^\infty K\omega^2\cos\sqrt{\omega}\,\mathrm{d}\omega \tag{2.9.84}$$

$$G_2^{(3)}(\tau)=\int_0^\infty k^{\frac{5}{2}}\mathrm{e}^{-kc}\mathrm{J}_0(ks)\sin\sqrt{k}\tau\mathrm{d}k=\frac{1}{\tau^3}\int_0^\infty K\omega^2\sqrt{\omega}\sin\sqrt{\omega}\,\mathrm{d}\omega \tag{2.9.85}$$

$$G_2^{(4)}(\tau)=\int_0^\infty k^3\mathrm{e}^{-kc}\mathrm{J}_0(ks)\cos\sqrt{k}\tau\mathrm{d}k=\frac{1}{\tau^4}\int_0^\infty K\omega^3\cos\sqrt{\omega}\,\mathrm{d}\omega \tag{2.9.86}$$

由零阶 Bessel 函数满足的微分方程，可得

$$\frac{\tau^6}{4}\cdot\frac{\partial^2K}{\partial\tau^2}+\left(\frac{9\tau^5}{4}-\omega c\tau^3\right)\cdot\frac{\partial K}{\partial\tau}+(\omega^2-3\omega c\tau^2+4\tau^4)\cdot K=0 \tag{2.9.87}$$

两边同时乘以 $\omega\cos\sqrt{\omega}$，并对 ω 从 0 到∞积分，将 G_2 对时间参数 τ 的各阶导数代入，可得

$$G_2^{(4)}+c\tau G_2^{(3)}+\left(\frac{\tau^2}{4}+5c\right)G_2^{(2)}+\frac{9\tau}{4}G_2^{(1)}+4G_2=0 \tag{2.9.88}$$

利用 G_2 及其各阶导数的表达式，可得上述微分方程的初值条件为

$$G_2(0)=c,G_2^{(1)}(0)=0,G_2^{(2)}=0=1-3c^2,G_2^{(3)}(0)=0 \tag{2.9.89}$$

令 $L(u)=u^{\frac{5}{2}}\mathrm{e}^{-\omega uc}\mathrm{J}_0(\omega us)$，有

$$G_3=\int_0^\infty L\omega^{\frac{3}{2}}\sin\sqrt{\omega}\,\mathrm{d}\omega \tag{2.9.90}$$

G_3 对时间参数 τ 的 1,2,3,4 阶导数为

$$G_3^{(1)}(\tau)=\int_0^\infty k^2\mathrm{e}^{-kc}\mathrm{J}_0(ks)\cos\sqrt{k}\tau\mathrm{d}k=\frac{1}{\tau}\int_0^\infty L\omega^2\cos\sqrt{\omega}\,\mathrm{d}\omega \tag{2.9.91}$$

$$G_3^{(2)}(\tau)=-\int_0^\infty k^{\frac{5}{2}}\mathrm{e}^{-kc}\mathrm{J}_0(ks)\sin\sqrt{k}\tau\mathrm{d}k=-\frac{1}{\tau^2}\int_0^\infty L\omega^2\sin\sqrt{\omega}\,\mathrm{d}\omega \tag{2.9.92}$$

$$G_3^{(3)}(\tau)=-\int_0^\infty k^3\mathrm{e}^{-kc}\mathrm{J}_0(ks)\cos\sqrt{k}\tau\mathrm{d}k=-\frac{1}{\tau^3}\int_0^\infty L\omega^3\cos\sqrt{\omega}\,\mathrm{d}\omega \tag{2.9.93}$$

$$G_3^{(4)}(\tau)=\int_0^\infty k^{\frac{7}{2}}\mathrm{e}^{-kc}\mathrm{J}_0(ks)\sin\sqrt{k}\tau\mathrm{d}k=\frac{1}{\tau^4}\int_0^\infty L\omega^3\sqrt{\omega}\sin\sqrt{\omega}\,\mathrm{d}\omega \tag{2.9.94}$$

由零阶 Bessel 函数满足的微分方程，可得

$$\frac{\tau^6}{4}\cdot\frac{\partial^2L}{\partial\tau^2}+\left(\frac{11\tau^5}{4}-\omega c\tau^3\right)\cdot\frac{\partial L}{\partial\tau}+\left(\omega^2-4\omega c\tau^2+\frac{25\tau^4}{4}\right)\cdot L=0 \tag{2.9.95}$$

两边同时乘以 $\omega^{\frac{3}{2}}\sin(\sqrt{\omega})$，并对 ω 从 0 到∞积分，将 G_3 对时间参数 τ 的各阶导数代入，可得

$$G_3^{(4)}+c\tau G_3^{(3)}+\left(\frac{\tau^2}{4}+6c\right)G_3^{(2)}+\frac{11\tau}{4}G_3^{(1)}+\frac{25}{4}G_3=0 \tag{2.9.96}$$

利用 G_3 及其各阶导数的表达式，可得上述微分方程求得的各函数值

$$G_3(0)=0,G_3^{(1)}(0)=3c^2-1,G_3^{(2)}(0)=0,G_3^{(3)}(0)=9c-15c^3 \tag{2.9.97}$$

表 2.9.2 给出了 $c=0.65$ 时的微分方程求得的各函数值。

表 2.9.2 $c=0.65$ 时的微分方程求得的各函数值

τ	G_1	G_2	G_3
5.00	$-0.719\,139\times10^{-1}$	0.192 496	0.281 151
10.00	$-0.431\,561\times10^{-2}$	$0.135\,646\times10^{-2}$	$0.582\,702\times10^{-3}$
15.00	$-0.122\,672\times10^{-2}$	$0.250\,923\times10^{-3}$	$0.687\,784\times10^{-4}$
20.00	$-0.509\,817\times10^{-3}$	$0.774\,601\times10^{-4}$	$0.157\,399\times10^{-4}$
25.00	$-0.259\,210\times10^{-3}$	$0.313\,630\times10^{-4}$	$0.506\,981\times10^{-5}$
30.00	$-0.149\,436\times10^{-3}$	$0.150\,298\times10^{-4}$	$0.201\,836\times10^{-5}$

2.10 三维有限水深时域格林函数的计算

水深为有限时，水波的群速度最大值为 $\sqrt{gh}$，波前（wave front）的位置为 $R=\sqrt{gh}t$，在波前的前后和波前的附近，波呈现不同的行为状态。Newman[23] 对大时间时三维有限水深时域格林函数的行为进行了分析，给出了三维有限水深时域格林函数在波前附近的渐近分析非一致解，结合三维无限水深时域格林函数的算法，提出了一种三维有限水深时域格林函数的算法。

Clarisse、Newman 和 Ursell[28] 利用 CFU 方法（Chester，Friedman，Ursell[27]）给出了有限水深 Cauchy - Poission 问题在大时间时的渐近分析一致解。Clément 和 Mas[29-30] 利用 Clarisse 等的结果给出了一种三维有限水深时域格林函数的算法。

2.10.1 Newman 方法

水深为 h，脉冲源 $\delta(\tau)$ 在时刻 t 引起的速度势为

$$G(P,Q,t)=\frac{\delta(t)}{r}+\frac{\delta(t)}{r_2}-2\delta(t)\int_0^{\infty}\frac{\mathrm{e}^{-kh}}{\cosh kh}E(y,z,R)\mathrm{d}k+$$
$$2\int_0^{\infty}\frac{\sqrt{gk\tanh kh}}{\cosh kh\sinh kh}\sin(t\sqrt{gk\tanh kh})E(y,z,R)\mathrm{d}k \tag{2.10.1}$$

这里

$$E(y,z,R)=\cosh[k(z+h)]\cosh[k(\zeta+h)]\mathrm{J}_0(kR) \tag{2.10.2}$$

定义无因次量 $X=x/h,Y=y/h,Z=z/h,X'=\xi/h,Y'=\eta/h,Z'=\zeta/h,R_1=R/h,T=t\sqrt{g/h}$，式(2.10.1)可表示成

$$G = g^{\frac{1}{2}} h^{-\frac{3}{2}} \delta(t) [F_0(R_1, Z - Z') + F_0(R_1, 2 + Z + Z')] + g^{\frac{1}{2}} h^{-\frac{3}{2}} \widetilde{G}_h(P, Q, T) \tag{2.10.3}$$

这里

$$\begin{aligned}\widetilde{G}_h(P,Q,T) &= 2\int_0^\infty \sqrt{k}\,\frac{\sin(T\sqrt{k\tanh k})}{\cosh^2 k\sqrt{\tanh k}}\cosh k(Z+1)\cosh k(Z'+1)\mathrm{J}_0(kR_1)\,\mathrm{d}k \\ &= F(R_1, Z - Z', T) + F(R_1, 2 + Z + Z', T)\end{aligned} \tag{2.10.4}$$

式中

$$F_0(R_1, V) = \frac{1}{\sqrt{R_1^2 + V^2}} - \int_0^\infty \mathrm{e}^{-k}\sec hk\cos kV\,\mathrm{J}_0(kR_1)\,\mathrm{d}k \tag{2.10.5}$$

$$F(R_1, V, T) = \int_0^\infty \frac{\sqrt{k\tanh k}}{\cosh k\sinh k}\sin(T\sqrt{k\tanh k})\cosh kV\,\mathrm{J}_0(kR_1)\,\mathrm{d}k \tag{2.10.6}$$

垂向坐标 V 的变化范围为 $0 \leqslant |V| \leqslant 2$。此时格林函数 G 的计算可转化为瞬态项 $F_0(R_1, V)$ 和记忆项 $F(R_1, V, T)$ 的计算。瞬态项 $F_0(R_1, V)$ 的计算方法如前。

为了确定大时间时 $F(R_1, V, T)$ 的算法，对 $F(R_1, V, T)$ 进行渐近分析。

(1) $R_1 \ll T$ 时，将 $F(R_1, V, T)$ 表示为

$$F(R_1, V, T) = \mathrm{Re}(f_0 + f_1 + f_2) \tag{2.10.7}$$

这里

$$f_0 = -2\mathrm{i}\int_0^{\mathrm{i}\frac{\pi}{4}} \frac{\omega}{\sinh 2k}\cosh kV\mathrm{e}^{\mathrm{i}\omega T}\mathrm{J}_0(kR_1)\,\mathrm{d}k \tag{2.10.8}$$

$$f_{1,2} = -\mathrm{i}\int_{\mathrm{i}\frac{\pi}{4}}^\infty \frac{\omega}{\sinh 2k}\cosh kV\mathrm{e}^{\mathrm{i}\omega T}H^{(1,2)}(kR_1)\,\mathrm{d}k \tag{2.10.9}$$

令 $k = \mathrm{i}\kappa, \Omega(\kappa) = -\mathrm{i}\omega(k) = \sqrt{\kappa\tan\kappa}$，则

$$f_0 = 2\int_0^{\frac{\pi}{4}} \frac{\Omega}{\sin 2\kappa}\cos\kappa V\mathrm{e}^{-\Omega T}I_0(\kappa R_1)\,\mathrm{d}\kappa \tag{2.10.10}$$

当 κ 为小量时，

$$\Omega(\kappa) = \kappa + \frac{1}{6}\kappa^3 + O(\kappa^5) \tag{2.10.11}$$

得到

$$f_0 = \int_0^{\frac{\pi}{4}} \left[1 + \left(\frac{5}{6} - \frac{1}{2}V^2\right)\kappa^2 - \frac{1}{6}T\kappa^3 + O(\kappa^4)\right]\mathrm{e}^{-\kappa T}I_0(\kappa R_1)\,\mathrm{d}\kappa \tag{2.10.12}$$

将积分上限扩展至∞，利用变换

$$\int_0^\infty \mathrm{e}^{-\kappa T}I_0(\kappa R_1)\,\mathrm{d}\kappa = (T^2 - R_1^2)^{-\frac{1}{2}} \tag{2.10.13}$$

可以得到

$$\begin{aligned}f_0 &= (T^2 - R_1^2)^{-\frac{1}{2}} + \left(\frac{5}{6} - \frac{1}{2}V^2\right)(2T^2 + R_1^2)(T^2 - R_1^2)^{-\frac{5}{2}} - \\ &\quad \frac{1}{2}T^2(2T^2 + 3R_1^2)(T^2 - R_1^2)^{-\frac{7}{2}} + O[T^4(T^2 - R_1^2)^{-\frac{9}{2}}]\end{aligned} \tag{2.10.14}$$

沿着积分路径 $\mathrm{Im}(\kappa) = \frac{\pi}{4}$，$f_1$ 是指数量阶，$f_1 = O(\mathrm{e}^{-\frac{\pi}{4}T})$。对 f_2，在正实轴上有一个鞍点

k_0,它是超越方程 $\omega'(k)=R_1/T$ 的根,

$$\mathrm{Re}(f_2)\approx 2\sqrt{\frac{\tanh k_0}{|\omega_0''|R_1T}\frac{\cosh k_0V}{\sinh 2k_0}}\sin(\omega_0T-k_0R_1) \tag{2.10.15}$$

这里 $\omega_0=\omega(k_0)$,$\omega_0''=\omega''(k_0)$。

(2)$R_1\approx T\gg 1$ 时,对 $F(R_1,V,T)$ 进行渐近分析得到下式,其中是 $\mathrm{Ai}(z)$ 是 Airy 函数[5],

$$F(R_1,V,T)\approx 2^{\frac{1}{3}}\pi T^{-\frac{3}{2}}\left\{\mathrm{Ai}\left[-\left(\frac{1}{4}T\right)^{\frac{2}{3}}\left(1-\frac{R_1^2}{T^2}\right)\right]\right\}^2 \tag{2.10.16}$$

(3)$R_1\gg T$ 时,令 $k=\mathrm{i}\kappa$,$\Omega(\kappa)=-\mathrm{i}\omega(k)=\sqrt{\kappa\tan\kappa}$,设 κ_0 为超越方程 $\Omega'(\kappa)=R_1/T$ 的根,$\Omega'(\kappa_0)=R_1/T$,$\Omega_0=\Omega(\kappa_0)$,$\Omega_0''=\Omega_0''(\kappa_0)$。将 F 表示为

$$F(R_1,V,T)=\mathrm{Im}\left[\int_0^\infty\frac{\omega}{\sinh 2k}\cosh kV(\mathrm{e}^{\mathrm{i}\omega T}-\mathrm{e}^{-\mathrm{i}\omega T})\mathrm{H}_0^{(1)}(kR_1)\mathrm{d}k\right] \tag{2.10.17}$$

将积分围道变为沿虚轴由 0 至 $\mathrm{i}\kappa_0$,然后平行实轴至 $\kappa=\infty+\mathrm{i}\kappa_0$,鞍点为 $\mathrm{i}\kappa_0$,用最陡下降法,得到 F 及其导数的表达式如下:

$$F(R_1,V,T)\approx\sqrt{\frac{\tan\kappa_0}{\Omega_0''R_1T}\frac{\cos\kappa_0V}{\sin 2\kappa_0}}\mathrm{e}^{\Omega_0T-\kappa_0R_1} \tag{2.10.18}$$

$$F_T(R_1,V,T)\approx\Omega_0\sqrt{\frac{\tan\kappa_0}{\Omega_0''R_1T}\frac{\cos\kappa_0V}{\sin 2\kappa_0}}\mathrm{e}^{\Omega_0T-\kappa_0R_1} \tag{2.10.19}$$

$$F_{R_1}(R_1,V,T)\approx-\kappa_0\sqrt{\frac{\tan\kappa_0}{\Omega_0''R_1T}\frac{\cos\kappa_0V}{\sin 2\kappa_0}}\mathrm{e}^{\Omega_0T-\kappa_0R_1} \tag{2.10.20}$$

$$F_V(R_1,V,T)\approx-\kappa_0\sqrt{\frac{\tan\kappa_0}{\Omega_0''R_1T}\frac{\sin\kappa_0V}{\sin 2\kappa_0}}\mathrm{e}^{\Omega_0T-\kappa_0R_1} \tag{2.10.21}$$

由以上分析可见,在波前的后方($R_1\leqslant T$),$F(R_1,V,T)$ 中包含变化平缓项与尖峰振荡项;在波前的前方($R_1\gg T$),$F(R_1,V,T)$ 表现为指数函数的形式,变化平缓。据此,对任意 T,确定对应的 RPART $>T$,按下面的方法计算 $F(R_1,V,T)$:

(1)当 $R_1\gg$RPART 时,按式(2.10.18)至式(2.10.21)计算及其导数。

(2)当 $R_1<$ RPART 时,此时 F 为一个无穷区间上的积分,为加速积分的收敛,将 $F(R_1,V,T)$ 进行分解,

$$F=(F-F_\infty)+F_\infty \tag{2.10.22}$$

$$F_\infty=G_\infty^1+G_\infty^2 \tag{2.10.23}$$

$$G_\infty^1=2\int_0^\infty\sqrt{k}\sin\sqrt{k}T\mathrm{e}^{k(V-2)}\mathrm{J}_0(kR_1)\mathrm{d}k \tag{2.10.24}$$

$$G_\infty^2=2\int_0^\infty\sqrt{k}\sin\sqrt{k}T\mathrm{e}^{k(-V-2)}\mathrm{J}_0(kR_1)\mathrm{d}k \tag{2.10.25}$$

使用 Romberg 积分计算 $F-F_\infty$。对 F 进行如式(2.10.22)的分解后,$F-F_\infty$ 中的被积函数当 k 趋于∞时趋于零,较 F 易于计算。

G_∞^1、G_∞^2 与无限水深时域格林函数的形式相同,可以使用相关的方法计算。确定 RPART = 1.15T 为合适的区间分割点。

表 2.10.1 给出了 $T=10$、$V=0$ 时的 F 及其导数的值。

表 2.10.1　F 及其导数的值

R_1	F	F_T	F_{R_1}	F_V
8.00	0.225 422	$0.183\ 805\times10^{-1}$	$-0.354\ 360\times10^{-1}$	$0.802\ 986\times10^{-10}$
9.00	0.173 226	$0.483\ 408\times10^{-1}$	$-0.619\ 648\times10^{-1}$	$0.435\ 957\times10^{-10}$
10.00	0.112 295	$0.486\ 962\times10^{-1}$	$-0.563\ 673\times10^{-1}$	$0.221\ 161\times10^{-9}$
11.00	$0.642\ 252\times10^{-1}$	$0.359\ 817\times10^{-1}$	$-0.392\ 272\times10^{-1}$	$-0.247\ 786\times10^{-10}$
12.00	$0.397\ 184\times10^{-1}$	$0.242\ 692\times10^{-1}$	$-0.228\ 579\times10^{-1}$	0.000 000
13.00	$0.180\ 344\times10^{-1}$	$0.133\ 007\times10^{-1}$	$-0.122\ 076\times10^{-1}$	0.000 000
14.00	$0.791\ 280\times10^{-2}$	$0.664\ 990\times10^{-2}$	$-0.596\ 017\times10^{-2}$	0.000 000
15.00	$0.333\ 576\times10^{-2}$	$0.309\ 639\times10^{-2}$	$-0.271\ 493\times10^{-2}$	0.000 000

2.10.2　CFU 方法

当时间变量 T 小时,可以使用级数展开式计算三维有限水深时域格林函数的记忆部分 $\widetilde{G}_h(P,Q,T)$。把双曲余弦函数展开,得

$$\widetilde{G}_h(P,Q,T) = \sum_{n=1}^{4} \widetilde{\widetilde{G}}_h^n \tag{2.10.26}$$

这里

$$\widetilde{\widetilde{G}}_h^n = 2\int_0^\infty \sqrt{k}\,\frac{\sin(T\sqrt{k\tanh k})}{\sqrt{\tanh k}}\,\frac{e^{kZ_n}}{(1+e^{-2k})^2}J_0(kR_1)\,dk \tag{2.10.27}$$

其中

$$Z_1 = Z + Z',\ -2 \leqslant Z_1 \leqslant 0 \tag{2.10.28}$$

$$Z_2 = -(Z' - Z + 2),\ -3 \leqslant Z_2 \leqslant -1 \tag{2.10.29}$$

$$Z_3 = -(Z - Z' + 2),\ -3 \leqslant Z_3 \leqslant -1 \tag{2.10.30}$$

$$Z_4 = -(Z + Z' + 4),\ -4 \leqslant Z_4 \leqslant -2 \tag{2.10.31}$$

接着把正弦函数展开成 T 的函数, 有

$$\widetilde{\widetilde{G}}_h^n = \sum_{i=1}^{\infty}(-1)^{i+1}\frac{T^{(2i-1)}}{(2i-1)!}\int_0^\infty 2k^i e^{kZ_n}\frac{(1-e^{-2k})^{i-1}}{(1+e^{-2k})^{i+1}}J_0(kR_1)\,dk \tag{2.10.32}$$

然后对包含指数函数的式子进行展开,有

$$\frac{(1-e^{-2k})^{i-1}}{(1+e^{-2k})^{i+1}} = \sum_{j=1}^{\infty} a_{ij}e^{-2jk+2k} \tag{2.10.33}$$

这里

$$a_{ij} = (-1)^{j+1}\left(|a_{(i-1)j}| + 2\sum_{p=1}^{p=j-1}|a_{(i-1)p}|\right) \tag{2.10.34}$$

其中

$$a_{i1} = 1 \tag{2.10.35}$$

$$a_{1j} = (-1)^{j+1}(1 + |a_{1(j-1)}|) \tag{2.10.36}$$

所以有

$$\widetilde{G}_h(P,Q,T) = \sum_{n=1}^{4}\sum_{i=1}^{\infty}\frac{(-1)^{i+1}T^{2i-1}}{(2i-1)!}\sum_{j=1}^{\infty}2a_{ij}\int_0^{\infty}k^i\mathrm{e}^{-k(2j-2-Z_n)}\mathrm{J}_0(kR_1)\mathrm{d}k \quad (2.10.37)$$

上式中的积分可以用Γ函数和 Legendre 函数表示(Gradshteyn & Ryzhik[6],6.624),得

$$\widetilde{G}_h(P,Q,T) = \sum_{n=1}^{4}\sum_{i=1}^{\infty}\frac{(-1)^{i+1}i!T^{2i-1}}{(2i-1)!}\sum_{j=1}^{\infty}2a_{ij}\frac{P_i(\mu_{jn})}{\rho_{jn}^{i+1}} \quad (2.10.38)$$

其中 $P_i(\mu_{jn})$ 是 Legendre 函数,各参数为

$$z_{jn}=2(j-1)-Z_n \quad (2.10.39)$$

$$\rho_{jn}=\sqrt{z_{jn}^2+(X-X')^2+(Y-Y')^2} \quad (2.10.40)$$

$$\mu_{jn}=z_{jn}/\rho_{jn} \quad (2.10.41)$$

由 Bessel 函数积分和距离倒数的导数关系(Gradshteyn & Ryzhik[6],6.621),可以得到 $\widetilde{G}_h(P,Q,T)$ 的另一种表示,

$$\widetilde{G}_h(P,Q,T) = -\sum_{n=1}^{4}\sum_{i=1}^{\infty}\frac{T^{2i-1}}{(2i-1)!}\sum_{j=1}^{\infty}2a_{ij}\frac{\mathrm{d}^i}{\mathrm{d}z_{jn}^i}\left(\frac{1}{\rho_{jn}}\right) \quad (2.10.42)$$

其中

$$\frac{\mathrm{d}^i}{\mathrm{d}z_{jn}^i}\left(\frac{1}{\rho_{jn}}\right) = \sum_{m=0}^{\mathrm{Int}\left(\frac{i}{2}\right)}b_{im}\frac{z_{jn}^{i-2m}}{[z_{jn}^2+(X-X')^2+(Y-Y')^2]^{\frac{2i-2m+1}{2}}} \quad (2.10.43)$$

系数 b_{im} 可以使用回归公式得到。

对大 T,当使用 Bessel 函数 J_0 的渐近表达式进行渐近分析时,鞍点接近零,这与只有当 kR_1 为大值时才能使用 Bessel 函数 J_0 的渐近表达式的要求相矛盾,为此引入 Hankel 函数的积分表示,

$$\mathrm{H}_0^{(2)}(kR_1) = \frac{\sqrt{2}\mathrm{i}}{\pi}\int_{-\infty}^{\infty}\frac{\mathrm{e}^{-\mathrm{i}kR_1(1+\sigma^2)}}{\sqrt{1+\frac{\sigma^2}{2}}}\mathrm{d}\sigma \quad (2.10.44)$$

可以得到

$$\widetilde{G}_h(P,Q,T) = \frac{2^{-3/2}}{\pi}\int_{-\infty}^{\infty}\mathrm{d}k\int_{-\infty}^{\infty}\frac{k}{\omega}f(k)\frac{\mathrm{e}^{\mathrm{i}T(\omega-ka-k\sigma^2a)}}{\sqrt{1+\frac{\sigma^2}{2}}}\mathrm{d}\sigma - \frac{2}{\pi}^{-3/2}\int_{-\infty}^{+\infty}\mathrm{d}k\int_{-\infty}^{+\infty}\frac{k}{\omega}f(k)\frac{\mathrm{e}^{\mathrm{i}T(-\omega-ka-k\sigma^2a)}}{\sqrt{1+\frac{\sigma^2}{2}}}\mathrm{d}\sigma$$

(2.10.45)

在大 T 时,式(2.10.45)中第二项的贡献可以忽略,这里

$$a=R_1/T \quad (2.10.46)$$

$$\omega=\sqrt{k\tanh k} \quad (2.10.47)$$

$$f(k)=\frac{2\cosh k(Z+1)\cosh k(Z'+1)}{\cosh^2 k} \quad (2.10.48)$$

当 $a\leqslant 1$ 时,通过下面的变换定义新变量 u 和 v,

$$\begin{cases}\sqrt{k\tanh k}-ka=\varepsilon u-\dfrac{u^3}{6}\\ k\sigma^2=uv^2\end{cases} \quad (2.10.49)$$

可以得到

$$\begin{cases} \widetilde{G}_h(P,Q,T) \approx \dfrac{2^{-3/2}}{\pi}\displaystyle\int_{-\infty}^{\infty} \mathrm{d}u \int_{-\infty}^{\infty} g(u,v)\,\mathrm{e}^{\mathrm{i}T\Psi(u,v;\varepsilon)}\,\mathrm{d}v \\ g(u,v) = f(k)\dfrac{\varepsilon^2 - u^2/2}{\omega' - a}\sqrt{\dfrac{ku}{(k+uv^2/2)\tanh k}} \\ \Psi(u,v;\varepsilon) = \varepsilon u - \dfrac{u^3}{6} - uv^2 a \end{cases} \tag{2.10.50}$$

ω'为 ω 对 k 的导数。对式(2.10.49)的第一个变换式两侧同时求导,使左右两侧的鞍点相对应,可以得到

$$\varepsilon = \frac{3^{2/3}}{2}\left(\sqrt{k_0 \tanh k_0} - ak_0\right)^{2/3} \tag{2.10.51}$$

其中,k_0 是相函数 $\omega(k)$ 的鞍点,它是 $\omega'(k)=a$ 的实根。接着进行双线性变化,

$$\begin{cases} u = \alpha(\xi+\eta) \\ v = \beta(\xi-\eta) \end{cases} \tag{2.10.52}$$

其中

$$\begin{cases} \alpha = -2^{-1/3} \\ \beta = -2^{-5/6} a^{-1/2} \end{cases} \tag{2.10.53}$$

可以得到

$$\begin{cases} \widetilde{G}_h(P,Q,T) \approx \dfrac{2^{-5/3}}{\pi\sqrt{a}}\displaystyle\int_{-\infty}^{\infty} \mathrm{d}\xi \int_{-\infty}^{\infty} G^*(\xi,\eta)\,\mathrm{e}^{\mathrm{i}T\Psi(\xi,\eta;\varepsilon)}\,\mathrm{d}\eta \\ G^*(\xi,\eta) = g(u,v) \\ \Psi(\xi,\eta;\varepsilon) = \dfrac{1}{3}\xi^3 + \dfrac{1}{3}\eta^3 + \alpha\varepsilon\xi + \alpha\varepsilon\eta \end{cases} \tag{2.10.54}$$

4 个鞍点位于 $\xi = \pm\xi_0$ 和 $\eta = \pm\xi_0 = \pm\sqrt{-\alpha\varepsilon}$。通过构建两个 Bleistein 序列,

$$\begin{cases} G^*(\xi,\eta) = E_0 + A_0\xi + B_0\xi + C_0\xi\eta + (\xi^2-\xi_0^2)\mathrm{H}_0(\xi,\eta) + (\eta^2-\xi_0^2)\mathrm{K}_0(\xi,\eta) \\ \dfrac{\partial H_0(\xi,\eta)}{\partial\xi} + \dfrac{\partial K_0(\xi,\eta)}{\partial\eta} = E_1 + A_1\xi + B_1\eta + C_1\xi\eta + (\xi^2-\xi_0^2)\mathrm{H}_1(\xi,\eta) + (\eta^2-\xi_0^2)\mathrm{K}_1(\xi,\eta) \end{cases} \tag{2.10.55}$$

可以得到

$$\widetilde{G}_h(P,Q,T) \approx \frac{2^{\frac{1}{3}}\pi}{T^{\frac{2}{3}}\sqrt{a}}\left[E_0 Ai^2 - T^{-\frac{2}{3}}C_0 Ai'^2 + 2T^{-\frac{4}{3}}A_1 AiAi'\right] \tag{2.10.56}$$

这里第一项和第二项是主要项,第三项是阶为 $T^{-\frac{4}{3}}$的二阶修正。Ai 和 Ai'表示 Airy 函数和它的导数,它们的变量是 $-\xi_0^2 T^{2/3}$。各参数为

$$E_0 = \frac{1}{2}(g|_1 + g|_2),\ C_0 = \frac{1}{2\xi_0^2}(g|_1 - g|_2)$$

$$A_1 = \frac{1}{4\xi_0^2}\left[\alpha^2 g_{uu} + \beta^2 g_{vv} + (\alpha/\xi_0)g_u + C_0\right]\Big|_1 \tag{2.10.57}$$

这里$g|_1$ 中的 $k=k_0$、$u=\sqrt{2\varepsilon}$、$v=0$,$g|_2$中的 $k=0$、$u=0$、$v=\sqrt{\varepsilon/a}$。

当 $a>1$ 时,有

$$\widetilde{G}_h(P,Q,T) \approx -\frac{2^{-3/2}}{\pi}\int_{-\mathrm{i}\infty}^{+\mathrm{i}\infty}\mathrm{d}\sigma\int_{-\mathrm{i}\infty}^{+\mathrm{i}\infty}\frac{kf(\mathrm{i}k)}{\sqrt{k\tan k}}\frac{\mathrm{e}^{T(-\sqrt{k\tan k}+ak-ka\sigma^2)}}{\sqrt{1-\sigma^2/2}}\mathrm{d}k \tag{2.10.58}$$

通过如下的变换

$$\begin{cases} -\sqrt{k\tan k}+ak=\widetilde{\varepsilon}u-\dfrac{u^3}{6} \\ k\sigma^2=uv^2 \end{cases} \tag{2.10.59}$$

得到

$$\begin{cases} \widetilde{G}_h(P,Q,T) \approx \dfrac{2^{-3/2}}{\pi}\displaystyle\int_{-\mathrm{i}\infty}^{+\mathrm{i}\infty}\mathrm{d}u\int_{-\mathrm{i}\infty}^{+\mathrm{i}\infty}\widetilde{g}(u,v)\mathrm{e}^{T\Psi(u,v;\varepsilon)}\mathrm{d}v \\ \widetilde{g}(u,v) = f(\mathrm{i}k)\dfrac{\widetilde{\varepsilon}-u^2/2}{a-\widetilde{\omega}'}\sqrt{\dfrac{ku}{(k-uv^2/2)\tan k}} \\ \widetilde{\Psi}(u,v;\widetilde{\varepsilon}) = \widetilde{\varepsilon}u-\dfrac{u^3}{6}-uv^2a \end{cases} \tag{2.10.60}$$

$\widetilde{\omega}(k)=\sqrt{k\tan k}$，$\widetilde{\omega}'$为$\widetilde{\omega}(k)$对$k$的导数。对式(2.10.59)的第一个变换式两侧同时求导，使左右两侧的鞍点相对应，可以得到

$$\widetilde{\varepsilon}=\frac{3^{2/3}}{2}\left(-\sqrt{\widetilde{k}_0\tan\widetilde{k}_0}+a\widetilde{k}_0\right)^{2/3} \tag{2.10.61}$$

其中$\widetilde{k}_0$是$\widetilde{\omega}(k)=\sqrt{k\tan k}$的鞍点，它是$\widetilde{\omega}'(k)=a$的实根。接着进行双线性变换，

$$\begin{cases} u=\alpha(\xi+\eta) \\ v=\beta(\xi-\eta) \end{cases} \tag{2.10.62}$$

可以得到

$$\begin{cases} \widetilde{G}_h(P,Q,T) \approx -\dfrac{2^{-5/3}}{\pi\sqrt{a}}\displaystyle\int_{-\mathrm{i}\infty}^{+\mathrm{i}\infty}\mathrm{d}\xi\int_{-\mathrm{i}\infty}^{+\mathrm{i}\infty}G^*(\xi,\eta)\mathrm{e}^{T\widetilde{\Psi}(\xi,\eta;\varepsilon)}\mathrm{d}\eta \\ G^*(\xi,\eta) = \widetilde{g}(u,v) \\ \widetilde{\Psi}(\xi,\eta;\widetilde{\varepsilon}) = -\widetilde{\varepsilon}2^{-\frac{1}{3}}(\xi+\eta)+\dfrac{1}{3}(\xi^3+\eta^3) \end{cases} \tag{2.10.63}$$

4个鞍点位于$\xi=\pm\widetilde{\xi}_0$和$\eta=\pm\widetilde{\xi}_0=\pm\sqrt{-\alpha\widetilde{\varepsilon}}$。通过构建两个Bleistein序列，可以得到

$$\widetilde{G}_h(P,Q,T)\approx\frac{2^{\frac{1}{3}}\pi}{T^{\frac{2}{3}}\sqrt{a}}[\widetilde{E}_0Ai^2+\widetilde{C}_0T^{-\frac{2}{3}}Ai'^2+2T^{-\frac{4}{3}}\widetilde{A}_1AiAi'] \tag{2.10.64}$$

其中Ai和Ai'的变量是$\widetilde{\xi}_0^2T^{2/3}$，各参数

$$\begin{gathered} \widetilde{E}_0=\frac{1}{2}(\widetilde{g}|_1+\widetilde{g}|_2),\widetilde{C}_0=\frac{1}{2\widetilde{\xi}_0^2}(\widetilde{g}|_1-\widetilde{g}|_2) \\ \widetilde{A}_1=\frac{1}{4\widetilde{\xi}_0^2}[\alpha^2\widetilde{g}_{uu}+\beta^2\widetilde{g}_{vv}+(\alpha/\widetilde{\xi}_0)\widetilde{g}_u+\widetilde{C}_0]|_1 \end{gathered} \tag{2.10.65}$$

这里$\widetilde{g}|_1$中的$k=\widetilde{k}_0$、$u=\sqrt{2\widetilde{\varepsilon}}$、$v=0$，$\widetilde{g}|_2$中的$k=0$、$u=0$、$v=\sqrt{\widetilde{\varepsilon}/a}$。

2.11 三维低航速频域格林函数

三维低航速频域格林函数 $G_v(\boldsymbol{X};\boldsymbol{\xi})$ 的控制方程和边界条件为

$$\Delta G_v=\delta(\boldsymbol{X}-\boldsymbol{\xi}),\ -h\leqslant z\leqslant 0 \tag{2.11.1}$$

$$-vG_v-2\mathrm{i}\tau\frac{\partial G_v}{\partial x}+\frac{\partial G_v}{\partial z}=0,z=0 \tag{2.11.2}$$

$$\frac{\partial G_v}{\partial z}=0,z=-h \tag{2.11.3}$$

$$G_v\to\frac{f(\xi,\theta,z)}{\sqrt{kR}}\mathrm{e}^{-\mathrm{i}kR(1+2\tau\partial k/\partial v\cos\theta)},R\to\infty \tag{2.11.4}$$

这里 R 表示场点到源点的水平距离,$k\tan kh=v$。

使用摄动展开法,可以得到

$$G_v=G_0+\tau G_1,\tau=\frac{U\omega}{g} \tag{2.11.5}$$

这里 G_0 为零航速自由面频域格林函数, G_1 为航速作用的修正项,

$$G_1=2\mathrm{i}\frac{\partial^2G_0}{\partial x\partial v} \tag{2.11.6}$$

G_1 中含有长期项,当 $R\to\infty$ 时,G_1 不趋于零,

$$\lim_{R\to\infty}G_1=f_1(\xi,\theta,z)\frac{(x-\xi)}{\sqrt{kR}}\mathrm{e}^{-\mathrm{i}kR}=O(\sqrt{R}) \tag{2.11.7}$$

为解决这一问题,使用多尺度展开法进行分析。取参数 $\gamma=\tau(\chi-\xi)$,对 G_v 做如下解:

$$G_v(\boldsymbol{x};\boldsymbol{\xi})=g_0(\gamma;\boldsymbol{X};\boldsymbol{\xi})+\tau g_1(\gamma;\boldsymbol{X};\boldsymbol{\xi}) \tag{2.11.8}$$

g_0 满足的控制方程和边界条件为

$$\Delta g_0=\delta(\boldsymbol{X}-\boldsymbol{\xi}),\ -h\leqslant z\leqslant 0 \tag{2.11.9}$$

$$-vg_0+\frac{\partial g_0}{\partial z}=0,z=0 \tag{2.11.10}$$

$$\frac{\partial g_0}{\partial z}=0,z=-h \tag{2.11.11}$$

$$g_0\to\frac{f_0(\gamma,\xi,\theta,z)}{\sqrt{kR}}\mathrm{e}^{-\mathrm{i}kR},R\to\infty \tag{2.11.12}$$

精确到 $O(\tau)$ 阶,g_1 满足的控制方程和边界条件为

$$\Delta g_1=-2\frac{\partial^2 g_0}{\partial\gamma\partial x},\ -h\leqslant z\leqslant 0 \tag{2.11.13}$$

$$-vg_1+\frac{\partial g_1}{\partial z}=2\mathrm{i}\frac{\partial g_0}{\partial x},z=0 \tag{2.11.14}$$

$$\frac{\partial g_1}{\partial z}=0,z=-h \tag{2.11.15}$$

$$(g_0+\tau g_1)\to\frac{f(\xi,\theta,z)}{\sqrt{kR}}\mathrm{e}^{-\mathrm{i}kR(1+2\tau\partial k/\partial v\cos\theta)},R\to\infty \tag{2.11.16}$$

取 g_0 和 g_1 为

$$g_0 = F(\gamma) G_0 \tag{2.11.17}$$

$$g_1 = F(\gamma)\left[2\mathrm{i}\frac{\partial^2 G_0}{\partial x \partial v} + C(x-\xi)G_0\right] \tag{2.11.18}$$

精确到 $O(\tau)$ 阶,由 g_1 满足的控制方程,可以得到

$$\frac{\partial G_0}{\partial x}\left[CF(\gamma) + \frac{\partial F(\gamma)}{\partial \gamma}\right] = 0 \tag{2.11.19}$$

故得

$$F(\gamma) = \mathrm{e}^{-C\gamma} \tag{2.11.20}$$

由 G_0 的无穷远辐射条件,可得

$$\lim_{R\to\infty}\frac{\partial G_0}{\partial R} = -\mathrm{i}kG_0 + O(R^{-3/2}) \tag{2.11.21}$$

$$\lim_{R\to\infty}\frac{\partial G_0}{\partial v} = \frac{R}{k}\frac{\partial k}{\partial v}\frac{\partial G_0}{\partial R} + O(R^{-1/2}) \tag{2.11.22}$$

若 $R\to\infty$,$g_1\to 0$, 则下式必须成立,

$$\lim_{R\to\infty}\left[2\mathrm{i}(x-\xi)\frac{1}{k}\frac{\partial k}{\partial v}\frac{\partial^2 G_0}{\partial R^2} + C(x-\xi)G_0\right] = 0 \tag{2.11.23}$$

得到

$$C = 2\mathrm{i}k\frac{\partial k}{\partial v} \tag{2.11.24}$$

故

$$G_v = \mathrm{e}^{-2\mathrm{i}k\tau\frac{\partial k}{\partial v}(x-\xi)}\left\{G_0 + 2\tau\mathrm{i}\left[\frac{\partial^2 G_0}{\partial x \partial v} + k\frac{\partial k}{\partial v}(x-\xi)G_0\right]\right\} \tag{2.11.25}$$

2.12 Cummins 方程的解法

Cummins[34] 给出了浮体在波浪中的时域运动方程,

$$[\boldsymbol{M} + \boldsymbol{A}(\infty)]\ddot{\boldsymbol{x}}(t) + \int_0^t \boldsymbol{K}(t-\tau)\dot{\boldsymbol{x}}(\tau)\mathrm{d}\tau + \boldsymbol{C}\boldsymbol{x}(t) = \boldsymbol{F}^{\mathrm{exc}}(t) \tag{2.12.1}$$

其中,$\boldsymbol{M}$ 和 $\boldsymbol{A}(\infty)$ 分别表示浮体质量阵和无穷频率的附加质量阵,$\boldsymbol{C}$ 表示静水回复力矩阵,$\boldsymbol{F}^{\mathrm{exc}}(t)$ 表示波浪激励力,$\boldsymbol{x}(t)$ 为浮体位移列向量,延迟函数阵 $\boldsymbol{K}(t) = [k_{ls}(t)]_{6\times 6}$ 可以由频域阻尼系数积分获得,

$$\boldsymbol{K}(t) = \frac{2}{\pi}\int_0^\infty \boldsymbol{B}(\omega)\cos(\omega t)\mathrm{d}\omega \tag{2.12.2}$$

Cummins 方程在海洋平台的定位控制和波浪能的提取中得到了广泛应用,其中的卷积积分如果使用直接积分的方法计算,计算量较大,可以使用状态空间法[35] 或 Prony 方法[36] 近似计算。以下介绍 Prony 方法。

假设浮体只存在垂直方向的运动。在时间区间 $[t_0, t_f]$ 内用复指数函数逼近 $\boldsymbol{K}(t)$,

$$\boldsymbol{K}(t) = \sum_{i=1}^{m} a_i \mathrm{e}^{\lambda_i t} \tag{2.12.3}$$

将时间区间$[t_0,t_f]$划分为n份,间距为$\mathrm{d}t$, $t_j=t_0+j\mathrm{d}t$,令$c_i=a_i\mathrm{e}^{\lambda_i t_0}$,$V_i=\mathrm{e}^{\lambda_i \mathrm{d}t}$,可以得到

$$c_1V_1^j+\cdots+c_mV_m^j=k_{ls}(t_j),j=1,\cdots,n \tag{2.12.4}$$

引进如下的多项式,

$$p(v)=\prod_{i=1}^{m}(v-V_i)=\prod_{i=0}^{m}s_iv^{m-i},s_0=1 \tag{2.12.5}$$

将式(2.12.4)的前$m+1$行乘以$s_m,s_{m-1},\cdots,s_0$,可以得到

$$c_1P(V_1)+\cdots+c_mP(V_m)=s_mk_{ls}(t_0)+\cdots+s_0k_{ls}(t_m) \tag{2.12.6}$$

由于$V_i(i=1,\cdots,m)$是$P(v)$的根,故

$$s_mk_{ls}(t_0)+\cdots+s_1k_{ls}(t_{m-1})=-\boldsymbol{K}(t_m) \tag{2.12.7}$$

重复以上过程,可以得到方程组

$$\begin{cases}s_mk_{ls}(t_0)+\cdots+s_1k_{ls}(t_{m-1})=-\boldsymbol{K}(t_m)\\ s_mk_{ls}(t_1)+\cdots+s_1k_{ls}(t_m)=-\boldsymbol{K}(t_{m+1})\\ \qquad\qquad\vdots\qquad\qquad\vdots\\ s_mk_{ls}(t_n)+\cdots+s_1k_{ls}(t_{m+n-1})=-\boldsymbol{K}(t_{m+n})\end{cases} \tag{2.12.8}$$

这里$n+1\geqslant m,t_{m+n}<t_f$。可以用广义奇异值方法求解式(2.12.8)。在得到$P(v)$的系数s_i后,使用根搜索方法求解V_i,可得$\lambda_i=\ln(V_i)/\mathrm{d}t$。求解式(2.12.4)获得$c_i$,可得$a_i=c_i\mathrm{e}^{-\lambda_i t_0}$。

式(2.12.1)中的卷积积分可以用$\boldsymbol{E}(t)$近似,

$$\boldsymbol{E}(t)=\sum_{i=1}^{m}\boldsymbol{E}_i(t) \tag{2.12.9}$$

这里

$$\boldsymbol{E}_i(t)=\int_0^t a_i\mathrm{e}^{\lambda_i(t-\tau)}\dot{\boldsymbol{x}}(\tau)\mathrm{d}\tau \tag{2.12.10}$$

定义$\boldsymbol{k}_1(t)=\boldsymbol{x}(t)$,$\boldsymbol{k}_2(t)=\dot{\boldsymbol{x}}(t)$,则式(2.12.1)可转化为下面的一阶微分方程组,

$$\begin{cases}\dot{\boldsymbol{E}}_i(t)=\boldsymbol{\lambda}_i\boldsymbol{E}_i(t)+a_ik_2(t)\\ \dot{\boldsymbol{k}}_1(t)=\boldsymbol{k}_2(t)\\ \dot{\boldsymbol{k}}_2(t)=-[\boldsymbol{M}+\boldsymbol{A}(\infty)]^{-1}\sum_{i=1}^{m}\boldsymbol{E}_i(t)-[\boldsymbol{M}+\boldsymbol{A}(\infty)]^{-1}\boldsymbol{C}k_1(t)+[\boldsymbol{M}+\boldsymbol{A}(\infty)]^{-1}\boldsymbol{F}^{\mathrm{exc}}(t)\end{cases} \tag{2.12.11}$$

如果式(2.12.11)中的系数是复数,需要用复系数常微分方程组程序求解(2.12.11)。

2.13 GMRES 方法

GMRES(Generalized Miminal RESidual algorithm,广义最小余量法)方法是一种求解大型非对称性方程组的 Krylov 子空间迭代方法。GMRES 方法使用 Arnoldi 过程构造一组 Krylov 子空间的正交基,在这个 Krylov 子空间中,通过迭代使残余向量最小化来取得方程组的解。同 Gauss 消去法相比,GMRES 方法所需计算时间由$O(n^3)$减少至$O(n^2)$,但所需内存容量相同,皆为$O(n^2)$,这里n为方程组的阶数。

2.13.1 GMRES 方法的描述

设所求方程为

$$\boldsymbol{A}\boldsymbol{x}=\boldsymbol{b} \tag{2.13.1}$$

式中，$\boldsymbol{A}\in R^{n\times n}$为一大型非对称矩阵，$\boldsymbol{b}\in R^n$ 为一给定向量。记 $\boldsymbol{K}_m$ 和 $\boldsymbol{L}_m$ 是 R^n 中两个 m 维子空间，分别由$\{\boldsymbol{v}_i\}_{i=1}^m$和$\{\boldsymbol{w}_i\}_{i=1}^m$所张成。取 $\boldsymbol{x}_0\in R^n$ 为任一向量，令 $\boldsymbol{x}=\boldsymbol{x}_0+\boldsymbol{z}$，则式(2.13.1)等价于

$$\boldsymbol{A}\boldsymbol{z}=\boldsymbol{r}_0 \tag{2.13.2}$$

其中 $\boldsymbol{r}_0=\boldsymbol{b}-\boldsymbol{A}\boldsymbol{x}_0$。

GMRES 方法建立在 Galerkin 原理[38]的基础上。Galerkin 原理可叙述为：在子空间 $\boldsymbol{K}_m$ 中寻找式(2.13.2)的近似解 $z_m\in\boldsymbol{K}_m$，使得残余向量 $\boldsymbol{r}_0-\boldsymbol{A}z_m$ 和 $\boldsymbol{L}_m$ 中的所有向量正交，即

$$(\boldsymbol{r}_0-\boldsymbol{A}z_m,w)=0,\ \forall\, w\in\boldsymbol{L}_m \tag{2.13.3}$$

则当 $m=n$ 时，z_m 即为式(2.13.2)的精确解。当 $m<n$ 时，z_m 是式(2.13.2)解的一个近似，若 $m\ll n$ 时，z_m 的求解可以节省许多工作量，这就是求解式(2.13.2)的 Galerkin 原理的思想。

对给定的 m，取 $\boldsymbol{K}_m$、$\boldsymbol{L}_m$ 为 Krylov 子空间，$\boldsymbol{K}_m=\mathrm{span}\{\boldsymbol{r}_0,\boldsymbol{A}\boldsymbol{r}_0,\cdots,\boldsymbol{A}^{m-1}\boldsymbol{r}_0\}$，$\boldsymbol{L}_m=\mathrm{span}\{\boldsymbol{A}\boldsymbol{r}_0,\boldsymbol{A}^2\boldsymbol{r}_0,\cdots,\boldsymbol{A}^m\boldsymbol{r}_0\}$，简记为 $\boldsymbol{L}_m=\boldsymbol{A}\boldsymbol{K}_m$。利用 Galerkin 原理，取 $z_m\in\boldsymbol{K}_m$，令 $\boldsymbol{r}_m=\boldsymbol{r}_0-\boldsymbol{A}z_m$ 与 $\boldsymbol{L}_m$ 中所有向量正交而求得 z_m，则可以证明，残余向量 $\boldsymbol{r}_m=\boldsymbol{r}_0-\boldsymbol{A}z_m$ 的 2 范数在所有 $\boldsymbol{K}_m$ 的向量中达到最小，反之亦然。

m 步重启动的 GMRES 方法——GMRES(m)如下：

(1)选择重启动步数 m，收敛精度 tol，迭代初值 $\boldsymbol{x}_0$，最大迭代次数 iterMAX，令 iterout =0。

(2)计算 $\boldsymbol{r}_0=\boldsymbol{b}-\boldsymbol{A}\boldsymbol{x}_0$，$\tilde{\boldsymbol{v}}_1=\boldsymbol{r}_0$，$\boldsymbol{\beta}=\|\boldsymbol{r}_0\|_2$，$\boldsymbol{h}_{10}=\|\boldsymbol{r}_0\|_2$，如果 $h_{10}=0$，则停止计算，$\boldsymbol{x}_0$ 为方程的解。

(3)迭代过程

(a)令 $k=1$。

(b)Arnoldi 过程：求取 Krylov 子空间$\{\tilde{\boldsymbol{v}}_1,\boldsymbol{A}\tilde{\boldsymbol{v}}_1,\cdots,\boldsymbol{A}^{k-1}\tilde{\boldsymbol{v}}_1\}$的一组标准正交基$\{\boldsymbol{v}_1,\cdots,\boldsymbol{v}_k\}$

$$\boldsymbol{v}_k=\tilde{\boldsymbol{v}}_k/h_{k,k-1}$$

对 $i=1,\cdots,k$，$h_{i,k}=\boldsymbol{v}_i^{\mathrm{T}}\boldsymbol{A}\boldsymbol{v}_k$，$\tilde{\boldsymbol{v}}_{k+1}=\boldsymbol{A}\boldsymbol{v}_k-\sum_{i=1}^{k}h_{i,k}\boldsymbol{v}_i$

$$h_{k+1,k}=\|\tilde{\boldsymbol{v}}_{k+1}\|_2$$

(c)定义 $\boldsymbol{V}_k=(\boldsymbol{v}_1,\boldsymbol{v}_2,\cdots,\boldsymbol{v}_k)$和上 Hessenberg 阵 $\overline{\boldsymbol{H}}_k$

$$\overline{\boldsymbol{H}}_k=\begin{bmatrix} h_{11} & h_{12} & \cdots & h_{1k}\\ h_{21} & h_{22} & \cdots & h_{2k}\\ & \ddots & & \vdots\\ & & h_{k,k-1} & h_{k,k}\\ & & 0 & h_{k+1,k}\end{bmatrix}$$

(d)极小化 $\| \beta \boldsymbol{e}_1 - \overline{\boldsymbol{H}}_k y \|_2$ 得到 $\boldsymbol{y}_k$, $\boldsymbol{e}_1 = \underbrace{(1,0,\cdots,0)}_{k+1}^{\mathrm{T}}$。

(e)形成近似解 $\boldsymbol{x}_k = \boldsymbol{x}_0 + \boldsymbol{V}_k \boldsymbol{y}_k$。

(f)如果 $h_{k+1,k} = 0$,停止计算。

(g)计算 $\| \boldsymbol{r}_k \|_2 = \| \boldsymbol{b} - \boldsymbol{A}\boldsymbol{x}_k \|_2$,如果终止准则值 $\eta(\boldsymbol{x}_k) \leqslant \mathrm{tol}$ 或 $\mathrm{iterout} \times m + k > \mathrm{iterMAX}$,则停止计算。

(h)如果 $k = m$, $\boldsymbol{x}_0 = \boldsymbol{x}_k$, $\tilde{\boldsymbol{v}}_1 = \boldsymbol{r}_k$, $h_{10} = \| \boldsymbol{r}_k \|_2$, iterout = iterout + 1,转向(a);否则如果 $k < m$,则 $k = k + 1$,转向(b)。

按照向后误差分析的方法,确定终止准则为

$$\eta(\boldsymbol{x}_k) = \frac{\| \boldsymbol{b} - \boldsymbol{A}\boldsymbol{x}_k \|_2}{\| \boldsymbol{b} \|_2} \leqslant \mathrm{tol} \tag{2.13.4}$$

不难看出,当 m 很大时,计算中需要保存所有的 $\{\boldsymbol{v}_i\}_{i=1}^m$,对于大型问题($n \gg 1$),这将引起存贮空间过多的要求,因此是不现实的,通过重启动避免舍入误差的积累和减少所需内存。

2.13.2 $\| \beta \boldsymbol{e}_1 - \overline{\boldsymbol{H}}_k \boldsymbol{y} \|_2$ 极小化算法

在 GMRES(m)算法里,每一步迭代都要求解最小二乘问题

$$\overline{\boldsymbol{H}}_k \boldsymbol{y} = \beta \boldsymbol{e}_1 \tag{2.13.5}$$

如何有效地求解这个问题也是算法成败的关键。

$\overline{\boldsymbol{H}}_k$ 为上 Hessenberg 阵,通过一系列 Givens 变换消去其中的次对角线元素,将其化为上三角阵

$$\boldsymbol{Q}^{\mathrm{T}} \overline{\boldsymbol{H}}_k = \begin{bmatrix} \boldsymbol{R}_1 \\ \boldsymbol{0} \end{bmatrix}, \quad \boldsymbol{Q} = \boldsymbol{G}_1 \cdots \boldsymbol{G}_k \tag{2.13.6}$$

其中 $\boldsymbol{R}_1$ 是 $k \times k$ 阶上三角阵, $\boldsymbol{G}_i (i = 1, \cdots, k)$ 为 Givens 旋转矩阵

$$\boldsymbol{G}_i = \begin{bmatrix} 1 & & & & & & & \\ & \ddots & & & & & & \\ & & 1 & & & & & \\ & & & c_i & -s_i & & & \\ & & & s_i & c_i & & & \\ & & & & & 1 & & \\ & & & & & & \ddots & \\ & & & & & & & 1 \end{bmatrix} \tag{2.13.7}$$

c_i 和 s_i 为

$$\begin{cases} 若\ h_{i+1,i} = 0,则\ c_i = 1, s_i = 0 \\ 若\ h_{i+1,i} \neq 0, |h_{i+1,i}| \geqslant |h_{i,i}| 时, t_i = \dfrac{h_{i,i}}{h_{i+1,i}}, s_i = (1 + t_i^2)^{-\frac{1}{2}}, c_i = s_i t_i \\ |h_{i+1,i}| < |h_{i,i}| 时, t_i = \dfrac{h_{i+1,i}}{h_{i,i}}, c_i = (1 + t_i^2)^{-\frac{1}{2}}, s_i = c_i t_i \end{cases} \tag{2.13.8}$$

令

$$Q^{\mathrm{T}}\beta e_1 = \begin{bmatrix} c \\ d \end{bmatrix} \tag{2.13.9}$$

设 $r_e = \beta e_1 - \overline{H}_k y$，则

$$Q^{\mathrm{T}} r_e = \begin{bmatrix} c \\ d \end{bmatrix} - \begin{bmatrix} R_1 \\ 0 \end{bmatrix} y = \begin{bmatrix} c - R_1 y \\ d \end{bmatrix} \tag{2.13.10}$$

注意到 Q 为正交矩阵，所以

$$\| r_e \|_2^2 = \| Q^{\mathrm{T}} r_e \|_2^2 = \| c - R_1 y \|_2^2 + \| d \|_2^2 \tag{2.13.11}$$

若 $R_1 y_k = c$ 时，$\| r_e \|_2^2$ 将取最小值

$$\| r_e \|_2^2 = \| d \|_2^2 \tag{2.13.12}$$

2.13.3 重启动数的确定

重启动数作为GMRES方法的一个重要参数，它是GMRES方法构建的Krylov子空间的最大维数。若给定的重启动数过小，将使GMRES方法构建的Krylov子空间不能包含足够多的解的信息，计算过程不收敛；若给定的重启动数过大，将耗费较多的计算时间，增加计算工作量。确定合适的重启动数对GMRES方法的应用至关重要。

Ipsen和Meyer[39]使用最小多项式的概念给出了式(2.13.2)的解位于Krylov子空间中的证明，不仅给出了GMRES方法的直观解释，而且给出了一个确定重启动数的思路。

对于任一 n 维向量 b 和 n 阶矩阵 A，若形成序列 $b, Ab, A^2 b, \cdots, A^r b$，则一定存在 r 的一个最小值 $m \leqslant n$，使得向量 $b, Ab, A^2 b, \cdots, A^m b$ 线性相关，即

$$(A^m + c_{m-1} A^{m-1} + \cdots + c_0 I) b = 0 \tag{2.13.13}$$

根据 m 的定义，不存在关系式

$$(A^r + d_{r-1} A^{r-1} + \cdots + d_0 I) b = 0 \quad (r < m) \tag{2.13.14}$$

对应于式(2.13.13)左端的首一多项式(首项系数为1的多项式)

$$C(\lambda) = \lambda^m + c_{m-1} \lambda^{m-1} + \cdots + c_0 \tag{2.13.15}$$

为向量 b 关于矩阵 A 的最小多项式。

借用式(2.13.15)的符号，假定式(2.13.2)的右端项 r_0 关于系数矩阵 A 的最小多项式如式(2.13.15)的形式。当 A 非奇异时，c_0 必不为零，因为若 c_0 等于零，向量 r_0 关于矩阵 A 的最小多项式将降低为 $m-1$ 阶，这与最小多项式的定义相矛盾。由于 c_0 必不为零，

$$A^{-1} r_0 = -\frac{1}{c_0} \sum_{i=0}^{m-1} c_{i+1} A^i r_0 \tag{2.13.16}$$

而 $z = A^{-1} r_0$，故式(2.13.2)的解位于Krylov子空间 $\mathrm{span}\{r_0, Ar_0, \cdots, A^{m-1} r_0\}$ 中，而这个空间的最小维数就是右端项 r_0 关于系数矩阵 A 的最小多项式的次数，若取重启动数为 m，则可得到收敛解。

计算向量 r_0 的最小多项式等价于确定下面的方程组当 r 取何值时有非零解，

$$[r_0, Ar_0, \cdots, A^r r_0]_{n \times (r+1)} \begin{bmatrix} c_0 \\ c_1 \\ \vdots \\ c_r \end{bmatrix} = 0 \tag{2.13.17}$$

为求解上面的问题，首先利用 Arnoldi 过程将 $\boldsymbol{r}_0,\boldsymbol{A}\boldsymbol{r}_0,\cdots,\boldsymbol{A}^r\boldsymbol{r}_0$ 正交化，得到正交基 $\boldsymbol{v}_1,\boldsymbol{v}_2,\cdots,\boldsymbol{v}_{r+1}$，则

$$[\boldsymbol{r}_0,\boldsymbol{A}\boldsymbol{r}_0,\cdots,\boldsymbol{A}^r\boldsymbol{r}_0]_{n\times(r+1)} = [\boldsymbol{v}_1,\boldsymbol{v}_2,\cdots,\boldsymbol{v}_r,\boldsymbol{v}_{r+1}]_{n\times(r+1)}\begin{bmatrix} h_{10} & * & * & * \\ & h_{10}h_{21} & * & * \\ & & \ddots & * \\ & & & \prod_{i=0}^{r} h_{i+1,i} \end{bmatrix}_{(r+1)\times(r+1)} \tag{2.13.18}$$

这相当于对$(\boldsymbol{r}_0,\boldsymbol{A}\boldsymbol{r}_0,\cdots,\boldsymbol{A}^r\boldsymbol{r}_0)_{n\times(r+1)}$进行了 QR 分解，将式(2.13.17)变成下式，

$$\begin{bmatrix} h_{10} & * & * & * \\ & h_{10}h_{21} & * & * \\ & & \ddots & * \\ & & & \prod_{i=0}^{r} h_{i+1,i} \end{bmatrix}_{(r+1)\times(r+1)} \begin{bmatrix} c_0 \\ c_1 \\ \vdots \\ c_r \end{bmatrix} = 0 \tag{2.13.19}$$

式(2.13.19)有非零解的充要条件为其系数矩阵的行列式等于零，由于其系数矩阵为上三角阵，故它的行列式值等于其对角线元素的乘积，若对角线元素为零，则式(2.13.19)有非零解。在使用 Arnoldi 过程生成正交基 $\boldsymbol{v}_1,\boldsymbol{v}_2,\cdots,\boldsymbol{v}_{r+1}$ 的计算中，若进行到某一步，$h_{m+1,m}=0$，则式(2.13.19)有非零解，从而向量 $\boldsymbol{r}_0$ 关于矩阵 $\boldsymbol{A}$ 的最小多项式的次数为 m，取 GMRES 方法的重启动数为 m，则可得到式(2.13.2)的解。

在线性频域水动力分析中，辐射势和绕射势满足的线性方程组的系数矩阵 $\boldsymbol{A}$ 是相同的，只是右端项 b 不同，当使用 GMRES 方法求解多周期水动力问题时，选定最小周期的系数矩阵 $\boldsymbol{A}$，对与其对应的不同右端项循环用 Arnoldi 过程确定相应的重启动数，设置其中最大者为整个求解过程的重启动数参数。

2.13.4 一个简单的实例

要求解的方程组为

$$\begin{bmatrix} 1.0 & 2.0 \\ 3.0 & 4.0 \end{bmatrix}\begin{bmatrix} x_1 \\ x_2 \end{bmatrix} = \begin{bmatrix} 1.0 \\ 3.0 \end{bmatrix} \tag{2.13.20}$$

初值取为$\begin{bmatrix} x_1^0 \\ x_2^0 \end{bmatrix} = \begin{bmatrix} 0.0 \\ 0.0 \end{bmatrix}$，重启动数 $m=2$，收敛精度 0.000 01，$\beta=3.162\ 277\ 7$。

第一次迭代生成的正交基 $\boldsymbol{v}_1=\begin{bmatrix} 0.316\ 227\ 3 \\ 0.948\ 684\ 1 \end{bmatrix}$，Hessenberg 矩阵的元素 $h_{11}=5.2$，$h_{21}=0.599\ 999\ 8$。

第二次迭代生成的正交基 $\boldsymbol{v}_2=\begin{bmatrix} 0.948\ 683\ 4 \\ -0.316\ 227\ 5 \end{bmatrix}$，Hessenberg 矩阵的元素 $h_{12}=1.600\ 000\ 1$，$h_{22}=-0.199\ 999\ 5$，$h_{32}=4.579\ 654\ 6\times10^{-7}$。

所要求解的最小二乘问题为

$$\begin{bmatrix} 5.2 & 1.600\,000\,1 \\ 0.599\,999\,8 & -0.199\,999\,5 \\ 0.0 & 4.579\,654\,6\times10^{-7} \end{bmatrix}\begin{bmatrix} y_1 \\ y_2 \end{bmatrix}=\begin{bmatrix} 3.162\,277\,7 \\ 0.0 \\ 0.0 \end{bmatrix} \tag{2.13.21}$$

将上式两侧连续乘以下面的 Givens 变换矩阵 $\boldsymbol{G}_1$、$\boldsymbol{G}_2$ 的转置，

$$\boldsymbol{G}_1=\begin{bmatrix} 0.993\,408\,9 & -0.114\,624\,1 & 0.0 \\ 0.114\,624\,1 & 0.993\,408\,9 & 0.0 \\ 0.0 & 0.0 & 1 \end{bmatrix} \tag{2.13.22}$$

$$\boldsymbol{G}_2=\begin{bmatrix} 1.0 & 0.0 & 0.0 \\ 0.0 & 1.0 & 1.198\,611\,6\times10^{-6} \\ 0.0 & -1.198\,611\,6\times10^{-6} & 1.0 \end{bmatrix} \tag{2.13.23}$$

连续乘以 $\boldsymbol{G}_1$、$\boldsymbol{G}_2$ 后，上式成为下面的式子，

$$\begin{bmatrix} 5.234\,5 & 1.566\,531 \\ 0.0 & -0.382\,080 \\ 0.0 & 0.0 \end{bmatrix}\begin{bmatrix} y_1 \\ y_2 \end{bmatrix}=\begin{bmatrix} 3.141\,435 \\ -0.362\,473\,2 \\ -4.344\,645\,7\times10^{-7} \end{bmatrix} \tag{2.13.24}$$

求解下面的方程组,得到 y_1、y_2，

$$\begin{bmatrix} 5.234\,5 & 1.566\,531 \\ 0.0 & -0.382\,080 \end{bmatrix}\begin{bmatrix} y_1 \\ y_2 \end{bmatrix}=\begin{bmatrix} 3.141\,435 \\ -0.362\,473\,2 \end{bmatrix} \tag{2.13.25}$$

最小二乘解为

$$\begin{bmatrix} y_1 \\ y_2 \end{bmatrix}=\begin{bmatrix} 0.316\,227\,3 \\ 0.948\,684\,1 \end{bmatrix} \tag{2.13.26}$$

残值 $\|\boldsymbol{r}_e\|_2=4.344\,645\,7\times10^{-7}$,终止准则值 $\boldsymbol{\eta}(x)=1.373\,897\,6\times10^{-7}$ 小于给定的收敛精度,方程组的解为

$$\begin{bmatrix} x_1 \\ x_2 \end{bmatrix}=\begin{bmatrix} x_1^0 \\ x_2^0 \end{bmatrix}+[v_1 \quad v_2]\begin{bmatrix} y_1 \\ y_2 \end{bmatrix}=\begin{bmatrix} 1.0 \\ -4.593\,536\times10^{-7} \end{bmatrix} \tag{2.13.27}$$

2.14 PFFT 方法

一阶频域边界积分方程可以表示为

$$\boldsymbol{D\Phi}=\boldsymbol{C\Phi}_n \tag{2.14.1}$$

这里列向量 $\boldsymbol{\Phi}$ 和 $\boldsymbol{\Phi}_n$ 分别为 N 块面元的速度势与法向速度,$\boldsymbol{D}$ 与 $\boldsymbol{C}$ 分别为左、右端影响系数矩阵,$\boldsymbol{D}$ 与 $\boldsymbol{C}$ 的元素为

$$D_{ij}=2\pi\delta_{ij}+\int_{S_j}\frac{\partial G(x_i,\xi)}{\partial n}\mathrm{d}S,\quad C_{ij}=\int_{S_j}G(\boldsymbol{x}_i,\boldsymbol{\xi})\,\mathrm{d}S \tag{2.14.2}$$

其中 S_j 为第 j 块面元的表面,$\boldsymbol{x}_i$ 为第 i 块面元的配置点,位于面元形心。

自由面格林函数为

$$\boldsymbol{G}(\boldsymbol{x},\boldsymbol{\xi})=\boldsymbol{G}_T(\boldsymbol{x},\boldsymbol{\xi})+\boldsymbol{G}_H(\boldsymbol{x},\boldsymbol{\xi}) \tag{2.14.3}$$

这里点 $\boldsymbol{x}$ 的坐标为(x,y,z)，点 $\boldsymbol{\xi}$ 的坐标为(ξ,η,ζ)，令 $R=[(x-\xi)^2+(y-\eta)^2]^{1/2}$，若水深无限，则

$$\boldsymbol{G}_T(\boldsymbol{x},\boldsymbol{\xi})=\frac{1}{\sqrt{R^2+(z-\zeta)^2}} \tag{2.14.4}$$

$$\boldsymbol{G}_H(\boldsymbol{x},\boldsymbol{\xi})=\int_L\frac{k+v}{k-v}\mathrm{e}^{k(z+\zeta)}\mathrm{J}_0(kR)\,\mathrm{d}k \tag{2.14.5}$$

$\boldsymbol{G}_T(\boldsymbol{x},\boldsymbol{\xi})$为拉普拉斯方程的基本解，如奇点位于均匀的网格上，则 $\boldsymbol{G}_T(\boldsymbol{x},\boldsymbol{\xi})$形成的影响系数矩阵为三重嵌套 Toeplitz 矩阵；$\boldsymbol{G}_H(\boldsymbol{x},\boldsymbol{\xi})$为使 $\boldsymbol{G}(\boldsymbol{x},\boldsymbol{\xi})$满足除物面边界条件以外的各项边界条件而引入的修正项，若奇点位于均匀网格上，则 $\boldsymbol{G}_H(\boldsymbol{x},\boldsymbol{\xi})$所形成的影响系数矩阵在 x 方向和 y 方向为两重嵌套 Toeplitz 矩阵，在 z 方向为 Hankel 矩阵。

在使用 GMRES 方法求解式(2.14.1)的过程中可以看出，GMRES 方法的 $O(N^2)$运算量来自以下两个方面：

(1)在开始迭代前，首先要形成 $\boldsymbol{D}$ 和 $\boldsymbol{C}$ 的 $2N^2$ 个矩阵元素。

(2)在每次迭代时，分别进行 N^2 次运算以计算矩阵向量积 $\boldsymbol{D\Phi}$ 和 $\boldsymbol{C\Phi}_n$。

进一步对 GMRES 方法加速的关键是将其中矩阵向量积理解为一次势计算，将速度势划分为近场影响和远场影响两部分，使用快速求和方法近似计算势的远场影响部分。

预修正快速傅里叶变换方法(pre-corrected fast Fourier transform，PFFT)是一种加速需执行矩阵向量积的势的计算的方法。这个算法的中心思想是用位于均匀网格上的点源代表势的远距离部分。均匀网格的使用就使得用快速傅里叶变换(FFT)有效地进行势计算成为可能。因为只用网格表示势的远距离部分，网格不再与具体的结构离散耦合，就允许使用 PFFT 方法来有效地求解以极不规则方式离散的边值问题。

PFFT 方法可按如下 5 个步骤进行：

(1)构建网格，布置奇点。

(2)由面元奇点分布投影得到位于均匀网格上的点源强度值。

(3)使用 FFT 计算由网格点源在网格点处引起的势。

(4)由网格点处势插值得到面元势。

(5)使用常规方法直接计算近距离面元的相互作用，对使用 FFT 计算得到的近距离相互作用进行预修正。

图 2.14.1 所示为 PFFT 方法的计算过程的二维示意图。对于左上角的四边形面元，预修正计算其对近距离面元(位于灰色区域内)的影响，使用网格点源计算它对远距离面元的影响。

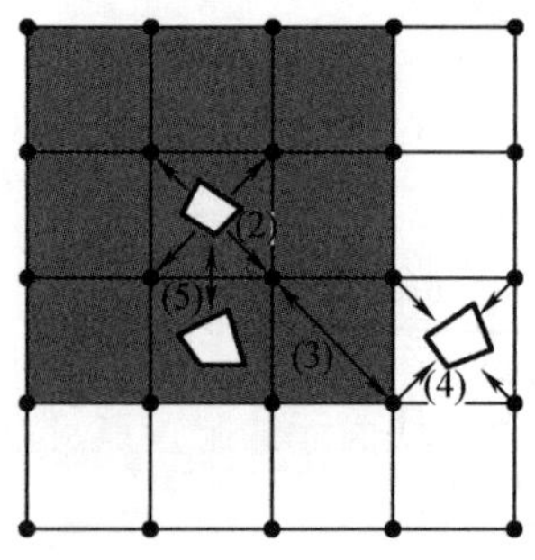

图 2.14.1　PFFT 方法的计算过程的二维示意图

1. 网格构建

PFFT 方法使用布置在小立方体的均匀网格上的点源来表示小立方体内的面元对远距离场点的影响,PFFT 方法的第一步就是根据给定的离散物面表示构建网格,以便下一步可以用 FFT 快速计算远处场点的势。

将包裹物体的大正方体称为根立方体,由根立方体进一步划分得的小正方体称为子立方体,在子立方体内沿 X、Y、Z 方向布置相等数目的点源,给定每个子立方体内的奇点为 $p\times p\times p$ 列。

(1)确定根立方体。将物面使用四边形或三角形面元离散后,根据所有面元顶点坐标值确定出面元中心点坐标 X、Y、Z 方向最大、最小值及面元最大对角线长度,将 X、Y、Z 方向最大、最小坐标值加减面元最大对角线长度的一半,便得到包裹所有面元的长方体的左下角及右上角两个对角点的坐标,取长方体最长的一边的长度为边长,以长方体的右上角为原点向 X、Y、Z 三个方向延伸,就找出了包裹物体的大正方体——根立方体。根立方体的右上角不能超出自由面。

(2)得到根立方体后,根据计算时间与占用内存的乘积极小化原则计算出根立方体每个方向的点状奇点总数。PFFT 方法沿根立方体的 X、Y、Z 方向布置相同数目的点源。设为沿 X 方向划分的子立方体数,布置在 X 方向的点源数为 2 的 $\mathrm{floor}(\log_2[(p-1)*N_c+1])+1$ 次幂,逐步增加子立方体数,floor 表示只取整数部分,舍掉小数部分。由于布置于子立方体上的 X 方向点源数已给定为 p,当给定一个点源总数后,就可以得出根立方体内所包含的子立方体的数目。由根立方体的边长,可得出子立方体的边长,将子立方体沿 X、Y、Z 向递增编号。将面元中心点坐标与根立方体左下角点坐标相减除以子立方体边长,确定出面元处于哪一个子立方体中,进而得出每个子立方体中所包含的面元数。确定出沿 X、Y、Z 方向其中有面元的子立方体的最大、最小编号,由此可以从根立方体中划分出一个长方体,沿这个长方体的 X、Y、Z 方向重新布置点源,点源数为 2 的整数次幂,设沿 X、Y、Z 方向的点源数为 s_1、s_2、s_3,总数目为 N_G。对每一非空的子立方体,统计出与其共用一个顶点的子立方体中的面元数(包括这一非空的子立方体自身),将这些面元数相加,设为 sdirect。对于这一假定的网格划分,使用 FFT 计算远场影响的时间估算为 $\alpha\cdot 8\cdot s_1\cdot s_2\cdot s_3\log_2(8\cdot s_1\cdot s_2\cdot s_3)$,内存占用量估算为 $8(8\cdot s_1\cdot s_2\cdot s_3)/1\,048\,576$ 兆字节,使用常规方法计算近场影响的时间估算为 $\beta\cdot\mathrm{sdirect}$,内存占用量估算为 8sdirect/1 048 576 兆字节,总的计算时间估算为 $\alpha\cdot 8\cdot s_1\cdot s_2\cdot s_3\log 2(8\cdot s_1\cdot s_2\cdot s_3)+\beta\cdot\mathrm{sdirect}$,总的内存占用量估算为 $8(\mathrm{sdirect}+8\cdot s_1\cdot s_2\cdot s_3)/1\,048\,576$ 兆字节,这里 α、β 为常数,根据使用的计算机确定,使用双精度存储数据。当以下两个条件之一得到满足时,停止网格划分:

(a)点源总数大于 $(p-1)^3$,计算时间与占用内存分别大于前一次划分的 2 倍。

(b)包含面元数小于 p^3 的子立方体占子立方体总数的 90% 以上。

停止划分后,将各个网格划分的计算时间与占用内存的乘积相比较,与乘积最小者的网格划分对应的点源总数即为所需的点状奇点总数。

(3)得到点源总数后,确定子立方体数目及边长,由于沿子立方体每个方向的网格点数 p 已给定,可计算出网格点的坐标。建立子立方体与面元的对应关系,将其中有面元的子立方体组成一个链表,对每一个非空的子立方体,标识出与其共用一个顶点的子立方体,如果这一非空的子立方体不处在根立方体的边缘,那么它有 27 个相邻的子立方体(包括这一非空的子立方体自身),我们称它们为邻近子立方体,在计算近距离面元间的相互作用时将涉及它们。

如图 2.14.2(a)所示为一个离散为 600 块面元的半球,根立方体被剖分成 7×7×7 列子立方体。图 2.14.2(b)所示为 $p=3$ 时子立方体剖分与网格奇点的叠加。

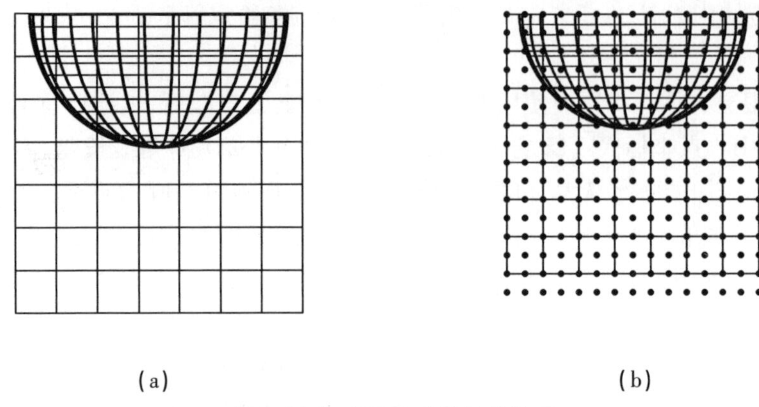

(a) (b)

图 2.14.2 PFFT 方法网格构建

2. 投影

在式(2.14.1)中,左端项的影响系数矩阵为偶极分布形式,右端项的影响系数矩阵为源分布形式,在建立投影算子时,将它们都使用网格点源分布表示,即都投影为源分布形式。

在投影和插值时,均不考虑自由面格林函数 $\boldsymbol{G}(\boldsymbol{x},\boldsymbol{\xi})$ 中 $\boldsymbol{G}_H(\boldsymbol{x},\boldsymbol{\xi})$ 的影响。

以 $\sum_{j=1}^{N_e}\boldsymbol{\Phi}_{nj}\int_{S_j}\boldsymbol{G}_T(\boldsymbol{x}_i,\boldsymbol{\xi})\mathrm{d}S$ 为例说明投影算子 H 的构造方法。对包含在一个给定的子立方体中的面元奇点分布在远离给定子立方体的场点产生的速度势,可以用位于通过给定子立方体空间的均匀网格上的小数目的权重点源计算而得,按使子立方体包裹的面元奇点分布与布置于子立方体上的点源分布在远场点产生的速度势相同的原则确定网格投影算子。因为只使用网格表示面元势的远距离部分,网格密度可大大粗于实际问题的面元分布密度。

假定使用 $p\times p\times p$ 列网格点源来表示给定子立方体内的面元奇点分布。我们用包裹 $\boldsymbol{\xi}$ 的子立方体顶点处的点源表示 $\boldsymbol{G}_T(\boldsymbol{x}_i,\boldsymbol{\xi})$,

$$\boldsymbol{G}_T(\boldsymbol{x}_i,\boldsymbol{\xi}) = \sum_{k=1}^{p^3}\boldsymbol{H}_k(\boldsymbol{\xi})\boldsymbol{G}_T(\boldsymbol{x}_i,\boldsymbol{\xi}_k) \tag{2.14.6}$$

这里 $\boldsymbol{H}_k(\boldsymbol{\xi})$ 是子立方体的第 k 个顶点的投影算子,$\boldsymbol{\xi}_k$ 是子立方体的第 k 个点源的坐标。我们有

$$\boldsymbol{\Phi}_{nj}\int_{S_j}\boldsymbol{G}_T(\boldsymbol{x}_i,\boldsymbol{\xi})\mathrm{d}S = \sum_{k=1}^{p^3}q_{jk}^n\boldsymbol{G}_T(\boldsymbol{x}_i,\boldsymbol{\xi}_k) \tag{2.14.7}$$

这里

$$q_{jk}^n = \boldsymbol{\Phi}_{nj}\int_{S_j}\boldsymbol{H}_k(\boldsymbol{\xi})\mathrm{d}S \tag{2.14.8}$$

第 n 个点源的源强是所有面元的投影的和，

$$q_n = \sum_{j=1}^{N_e} q_{jk}^n (n = 0,1,\cdots,N_G - 1) \tag{2.14.9}$$

假设用一组线性函数表示由子立方体包裹的 ξ 处的源产生的 $\boldsymbol{G}_T(\boldsymbol{x}_i,\boldsymbol{\xi})$，

$$\boldsymbol{G}_T(\boldsymbol{x}_i,\boldsymbol{\xi}) = \sum_{k=1}^{m} c_k(\boldsymbol{x}_i) f_k(\boldsymbol{\xi}) = \boldsymbol{f}^{\mathrm{T}}(\boldsymbol{\xi}) \boldsymbol{c}\boldsymbol{x}_i \tag{2.14.10}$$

这里 $\boldsymbol{f}^{\mathrm{T}} = \{f_1,f_2,\cdots,f_m\}$，$\boldsymbol{c} = \{c_1,c_2,\cdots,c_m\}^{\mathrm{T}}$。对有 2^3 个网格点源的立方体，我们可以用子立方体 8 个顶点处的 $\boldsymbol{G}_T$ 值来确定未知量 $\{c\}$，

$$\boldsymbol{G}_T\boldsymbol{x}_i = \begin{bmatrix} \boldsymbol{G}_T(\boldsymbol{x}_i,\boldsymbol{\xi}_1) \\ \boldsymbol{G}_T(\boldsymbol{x}_i,\boldsymbol{\xi}_2) \\ \vdots \\ \boldsymbol{G}_T(\boldsymbol{x}_i,\boldsymbol{\xi}_8) \end{bmatrix} = \begin{bmatrix} f_1(\boldsymbol{\xi}_1) & f_2(\boldsymbol{\xi}_1) & \cdots & f_m(\boldsymbol{\xi}_1) \\ f_1(\boldsymbol{\xi}_2) & f_2(\boldsymbol{\xi}_2) & \cdots & f_m(\boldsymbol{\xi}_2) \\ \vdots & \vdots & & \vdots \\ f_1(\boldsymbol{\xi}_8) & f_2(\boldsymbol{\xi}_8) & \cdots & f_m(\boldsymbol{\xi}_8) \end{bmatrix} \begin{bmatrix} c_1(\boldsymbol{x}_i) \\ c_2(\boldsymbol{x}_i) \\ \vdots \\ c_m(\boldsymbol{x}_i) \end{bmatrix} = \boldsymbol{F}\boldsymbol{c}(\boldsymbol{x}_i) \tag{2.14.11}$$

这里 $f_k(\boldsymbol{\xi}) = 1,\xi,\eta,\zeta,\xi\eta,\eta\zeta,\xi\zeta,\xi\eta\zeta,k = 1,2,\cdots,8$。对于给定的 $\boldsymbol{x}_i$，$\boldsymbol{G}_T$ 和 $\boldsymbol{F}$ 是已知的，

$$\boldsymbol{c}(\boldsymbol{x}_i) = \boldsymbol{F}^{-1}\boldsymbol{G}_T(\boldsymbol{x}_i) \tag{2.14.12}$$

所以

$$\boldsymbol{G}_T(\boldsymbol{x}_i,\boldsymbol{\xi}) = \boldsymbol{f}^{\mathrm{T}}(\boldsymbol{\xi})\boldsymbol{F}^{-1}\boldsymbol{G}_T(\boldsymbol{x}_i) \tag{2.14.13}$$

将式(2.14.13)与式(2.14.6)对比，可知

$$\boldsymbol{H}(\xi) = \boldsymbol{f}^{\mathrm{T}}(\boldsymbol{\xi})\boldsymbol{F}^{-1} \tag{2.14.14}$$

对有 3^3 个顶点的立方体，$f_k(\boldsymbol{\xi}) = 1,\xi,\eta,\zeta,\xi^2,\eta^2,\zeta^2,\xi\eta,\eta\zeta,\xi\zeta,\xi\eta\zeta,\xi^2\eta,\xi\eta^2,\xi\zeta^2,\eta^2\zeta,\eta\zeta^2,k = 1,2,\cdots,17$。当 F 为非方阵时，可以使用广义奇异值分解的方法计算 F^{-1}。

偶极分布为

$$\sum_{j=1}^{Ne} \boldsymbol{\Phi}_j \int_{S_j} \boldsymbol{G}_{Tn}(\boldsymbol{x}_i,\boldsymbol{\xi})\mathrm{d}S = \sum_{j=1}^{Ne} \boldsymbol{\Phi}_j \left[\int_{S_j} n_\xi \boldsymbol{G}_{T\xi}(\boldsymbol{x}_i,\boldsymbol{\xi})\mathrm{d}S + \int_{S_j} n_\eta \boldsymbol{G}_{T\eta}(\boldsymbol{x}_i,\boldsymbol{\xi})\mathrm{d}S + \int_{S_j} n_\zeta \boldsymbol{G}_{T\zeta}(\boldsymbol{x}_i,\boldsymbol{\xi})\mathrm{d}S \right] \tag{2.14.15}$$

可以对 $\boldsymbol{\Phi}_j\int_{S_j} n_\xi \boldsymbol{G}_{T\xi}(\boldsymbol{x}_i,\boldsymbol{\xi})$，$\boldsymbol{\Phi}_j\int_{S_j} n_\eta \boldsymbol{G}_{T\eta}(\boldsymbol{x}_i,\boldsymbol{\xi})\mathrm{d}S$ 和 $\boldsymbol{\Phi}_j\int_{S_j} n_\zeta \boldsymbol{G}_{T\zeta}(\boldsymbol{x}_i,\boldsymbol{\xi})\mathrm{d}S$ 分别使用上述的方法进行投影，将偶极分布用网格点源来表示。

3. 网格势计算

当计算网格势时，由于左、右端都投影为源分布形式，故不计算 Green 函数的导数，左、右网格势的影响系数矩阵是相同的。当得到网格奇点强度后，网格奇点在网格点处产生的势为一个三维离散卷积，可以写为：

$$\boldsymbol{\Psi}(\boldsymbol{\xi}_i) = \sum_{i',j',k'} [\boldsymbol{G}_T(i-i',j-j',k-k') + \boldsymbol{G}_H(i-i',j-j',k+k')]\boldsymbol{q}_n(i',j',k') \tag{2.14.16}$$

这里 i、j、k 与 i'、j'、k' 是网格点 x、y、z 方向的标识，当 $i = i'$、$j = j'$、$k = k'$ 时，$t(0,0,0) = 0$，$h(0,0,0) = 0$。

Toeplitz 矩阵与向量的积和 Hankel 矩阵与向量的积可扩充为循环矩阵与向量的积，而循环矩阵与向量的积可以利用 FFT 快速计算获得[41]。

三维 FFT 的算法参看 Press 等的书第 12 章[42]。

4. 插值

使用投影算子 $\boldsymbol{H}_k$,可以由网格点源势得到配置点 x_i 的势 $\boldsymbol{\Psi}_F(\boldsymbol{x}_i)$为

$$\boldsymbol{\Psi}_F(\boldsymbol{x}_i) = \sum_{k=1}^{p^3} \boldsymbol{H}_k(\boldsymbol{x}_i)\boldsymbol{\Psi}(\boldsymbol{\xi}_k) \tag{2.14.17}$$

这里 $\boldsymbol{\xi}_k$ 是包裹 $\boldsymbol{x}_i$ 子立方体的第 k 个点源的坐标。

5. 预修正

伴随着以上几步而来的问题在于在网格上使用 FFT 所做的计算没有准确地计及邻近面元间的相互作用。在 PFFT 方法中,定义包含在子立方体 k 的邻近子立方体 $N(k)$ 中的面元为子立方体 k 中面元的邻近面元。在式(2.14.17)的 $\boldsymbol{\Psi}_F$ 中,已经计算了其中与邻近子立方体中的面元相互作用相关的那一部分,但是使用投影/插值方法得到的邻近面元的相互作用的结果是非常差的,必须扣除使用网格得到的邻近子立方体 $N(k)$ 中的面元对子立方体 k 中的面元的作用的贡献,这一步称为预修正。

减掉包含在 $\boldsymbol{\Psi}_F(\boldsymbol{x}_i)$中的近场影响 $\boldsymbol{\Psi}_{FN}(\boldsymbol{x}_i)$,加上直接计算得到的近场影响 $\boldsymbol{\Psi}_N(\boldsymbol{x}_i)$,可以得到

$$\boldsymbol{\Psi}(\boldsymbol{x}_i) = \boldsymbol{\Psi}_F(\boldsymbol{x}_i) + \Delta\boldsymbol{\Psi}(\boldsymbol{x}_i) \tag{2.14.18}$$

这里 $\Delta\boldsymbol{\Psi}(\boldsymbol{x}_i) = \boldsymbol{\Psi}_N(\boldsymbol{x}_i) - \boldsymbol{\Psi}_{FN}(\boldsymbol{x}_i)$表示修正项。

PFFT 方法将稠密的运算稀疏化,计算量为 $O(N_G \ln N_G)$,占用内存为 $O(N_G)$,大大减少了计算费用,提高了计算效率。

附录 A　变换矩阵 $\boldsymbol{D}$ 的性质

A.1　变换矩阵 $\boldsymbol{D}$ 的含义

矢量 $\tilde{\boldsymbol{a}}$ 在$\hat{O}\hat{x}\hat{y}\hat{z}$坐标系表示为

$$\tilde{\boldsymbol{a}} = \hat{a}_x \hat{\boldsymbol{i}} + \hat{a}_y \hat{\boldsymbol{j}} + \hat{a}_z \hat{\boldsymbol{k}} \tag{A.1}$$

式中,$\hat{\boldsymbol{i}}$、$\hat{\boldsymbol{j}}$和$\hat{\boldsymbol{k}}$分别是$\hat{O}\hat{x}$轴、$\hat{O}\hat{y}$轴和$\hat{O}\hat{z}$轴的正向单位矢量,称为基矢量;$\hat{a}_x$、$\hat{a}_y$ 和$\hat{a}_z$ 分别为矢量 $\tilde{\boldsymbol{a}}$ 在$\hat{O}\hat{x}\hat{y}\hat{z}$坐标系中的坐标。定义基矢量列阵$\hat{\boldsymbol{e}}$和坐标阵$\hat{\boldsymbol{a}}$为

$$\hat{\boldsymbol{e}} = (\hat{\boldsymbol{i}},\hat{\boldsymbol{j}},\hat{\boldsymbol{k}})^{\mathrm{T}} \tag{A.2}$$

$$\hat{\boldsymbol{a}} = (\hat{a}_x,\hat{a}_y,\hat{a}_z)^{\mathrm{T}} \tag{A.3}$$

则

$$\tilde{\boldsymbol{a}} = \hat{\boldsymbol{e}}^{\mathrm{T}} \cdot \hat{\boldsymbol{a}} \tag{A.4}$$

矢量 $\tilde{\boldsymbol{a}}$ 在 $Oxyz$ 系中表示为

$$\tilde{\boldsymbol{a}} = a_x\boldsymbol{i} + a_y\boldsymbol{j} + a_z\boldsymbol{k} \tag{A.5}$$

式中,$\boldsymbol{i}$、$\boldsymbol{j}$ 和 $\boldsymbol{k}$ 分别是 Ox 轴、Oy 轴和 Oz 轴的基矢量;a_x、a_y 和 a_z 分别为矢量 $\tilde{\boldsymbol{a}}$ 在 $Oxyz$ 坐标系中的坐标。定义基矢量列阵 $\boldsymbol{e}$ 和坐标阵 $\boldsymbol{a}$ 为

$$\boldsymbol{e} = (\boldsymbol{i},\boldsymbol{j},\boldsymbol{k})^{\mathrm{T}} \tag{A.6}$$

$$\boldsymbol{a} = (a_x,a_y,a_z)^{\mathrm{T}} \tag{A.7}$$

则

$$\tilde{\boldsymbol{a}} = e^{\mathrm{T}} \cdot a \tag{A.8}$$

联立式(A.4)和式(A.8),得

$$\tilde{\boldsymbol{a}} = \hat{\boldsymbol{e}}^{\mathrm{T}} \cdot \hat{\boldsymbol{a}} = \boldsymbol{e}^{\mathrm{T}} \cdot \boldsymbol{a} \tag{A.9}$$

由$\hat{\boldsymbol{e}} \cdot \hat{\boldsymbol{e}}^{\mathrm{T}} = I$($I$ 为单位矩阵),在式(A.9)两端点乘$\hat{e}$,可以得到矢量 $\tilde{\boldsymbol{a}}$ 在不同坐标系中的坐标阵$\hat{\boldsymbol{a}}$和 $\boldsymbol{a}$ 之间的变换关系

$$\hat{\boldsymbol{a}} = \boldsymbol{D}\boldsymbol{a} \tag{A.10}$$

其中

$$\boldsymbol{D} = \begin{bmatrix} \hat{\boldsymbol{i}}\cdot\boldsymbol{i} & \hat{\boldsymbol{i}}\cdot\boldsymbol{j} & \hat{\boldsymbol{i}}\cdot\boldsymbol{k} \\ \hat{\boldsymbol{j}}\cdot\boldsymbol{i} & \hat{\boldsymbol{j}}\cdot\boldsymbol{j} & \hat{\boldsymbol{j}}\cdot\boldsymbol{k} \\ \hat{\boldsymbol{k}}\cdot\boldsymbol{i} & \hat{\boldsymbol{k}}\cdot\boldsymbol{j} & \hat{\boldsymbol{k}}\cdot\boldsymbol{k} \end{bmatrix} \tag{A.11}$$

称为坐标系 $Oxyz$ 关于坐标系$\hat{O}\hat{x}\hat{y}\hat{z}$的方向余弦阵,也称为坐标变换矩阵或过渡矩阵。可以看出,方向余弦矩阵 $\boldsymbol{D}$ 的三列 $\boldsymbol{D}_j = [\boldsymbol{D}_{1j}\quad \boldsymbol{D}_{2j}\quad \boldsymbol{D}_{3j}]^{\mathrm{T}}(j=1,2,3)$ 依次为坐标系 $Oxyz$ 的基矢量 $\boldsymbol{i}$、$\boldsymbol{j}$ 和 $\boldsymbol{k}$ 在坐标系$\hat{O}\hat{x}\hat{y}\hat{z}$的坐标阵,其三行构成的列阵 $\boldsymbol{D}_i = [\boldsymbol{D}_{i1}\quad \boldsymbol{D}_{i2}\quad \boldsymbol{D}_{i3}]^{\mathrm{T}}(i=1,2,3)$ 依次

为坐标系$\hat{O}\hat{x}\hat{y}\hat{z}$基矢量$\hat{\boldsymbol{i}}$ $\hat{\boldsymbol{j}}$和$\hat{\boldsymbol{k}}$在坐标系 $Oxyz$ 的坐标阵。如果已知坐标系$\hat{O}\hat{x}\hat{y}\hat{z}$的基矢量在另一坐标系 $Oxyz$ 中的坐标阵,则可直接写出坐标系 $Oxyz$ 关于坐标系$\hat{O}\hat{x}\hat{y}\hat{z}$的方向余弦矩阵。

A. 2 $\dot{\boldsymbol{D}}\boldsymbol{D}^{\mathrm{T}}\boldsymbol{R}=\hat{\boldsymbol{\omega}}\times\boldsymbol{R}$($\boldsymbol{R}$ 为$\hat{O}\hat{x}\hat{y}\hat{z}$坐标系中的矢量)

$\boldsymbol{D}$ 为正交矩阵,

$$\boldsymbol{D}\boldsymbol{D}^{\mathrm{T}}=\boldsymbol{I} \tag{A.12}$$

将式(A.12)两边对时间求导,得

$$\frac{\mathrm{d}}{\mathrm{d}t}(\boldsymbol{D}\boldsymbol{D}^{\mathrm{T}})=\dot{\boldsymbol{D}}\boldsymbol{D}^{\mathrm{T}}+\boldsymbol{D}\dot{\boldsymbol{D}}^{\mathrm{T}}=\dot{\boldsymbol{D}}\boldsymbol{D}^{\mathrm{T}}+(\dot{\boldsymbol{D}}\boldsymbol{D}^{\mathrm{T}})^{\mathrm{T}}=0 \tag{A.13}$$

即

$$\dot{\boldsymbol{D}}\boldsymbol{D}^{\mathrm{T}}=-(\dot{\boldsymbol{D}}\boldsymbol{D}^{\mathrm{T}})^{\mathrm{T}} \tag{A.14}$$

可见 $\dot{\boldsymbol{D}}\boldsymbol{D}^{\mathrm{T}}$ 为反对称矩阵,将 $\dot{\boldsymbol{D}}\boldsymbol{D}^{\mathrm{T}}$ 写为如下形式,

$$\dot{\boldsymbol{D}}\boldsymbol{D}^{\mathrm{T}}=\begin{bmatrix}0 & -\hat{\omega}_z & \hat{\omega}_y\\ \hat{\omega}_z & 0 & -\hat{\omega}_x\\ -\hat{\omega}_y & \hat{\omega}_x & 0\end{bmatrix} \tag{A.15}$$

由

$$\boldsymbol{D}=\begin{bmatrix}\cos\alpha_2\cos\alpha_3 & -\cos\alpha_2\sin\alpha_3 & \sin\alpha_2\\ \sin\alpha_1\sin\alpha_2\cos\alpha_3+\cos\alpha_1\sin\alpha_3 & -\sin\alpha_1\sin\alpha_2\sin\alpha_3+\cos\alpha_1\cos\alpha_3 & -\sin\alpha_1\cos\alpha_2\\ -\cos\alpha_1\sin\alpha_2\cos\alpha_3+\sin\alpha_1\sin\alpha_3 & \cos\alpha_1\sin\alpha_2\sin\alpha_3+\sin\alpha_1\cos\alpha_3 & \cos\alpha_1\cos\alpha_2\end{bmatrix} \tag{A.16}$$

令 $\dot{\boldsymbol{D}}=[\dot{\boldsymbol{D}}_1,\dot{\boldsymbol{D}}_2,\dot{\boldsymbol{D}}_3]$,其中

$$\dot{\boldsymbol{D}}_1=\begin{bmatrix}-\dot{\alpha}_2\sin\alpha_2\cos\alpha_3-\dot{\alpha}_3\cos\alpha_2\sin\alpha_3\\ \dot{\alpha}_1\cos\alpha_1\sin\alpha_2\cos\alpha_3+\dot{\alpha}_2\sin\alpha_1\cos\alpha_2\cos\alpha_3-\dot{\alpha}_3\sin\alpha_1\sin\alpha_2\sin\alpha_3-\dot{\alpha}_1\sin\alpha_1\sin\alpha_3+\dot{\alpha}_3\cos\alpha_1\cos\alpha_3\\ \dot{\alpha}_1\sin\alpha_1\sin\alpha_2\cos\alpha_3-\dot{\alpha}_2\cos\alpha_1\cos\alpha_2\cos\alpha_3+\dot{\alpha}_3\cos\alpha_1\sin\alpha_2\sin\alpha_3+\dot{\alpha}_1\cos\alpha_1\sin\alpha_3+\dot{\alpha}_3\sin\alpha_1\cos\alpha_3\end{bmatrix}=\begin{bmatrix}\dot{d}_{11}\\ \dot{d}_{21}\\ \dot{d}_{31}\end{bmatrix} \tag{A.17}$$

$$\dot{\boldsymbol{D}}_2=\begin{bmatrix}\dot{\alpha}_2\sin\alpha_2\sin\alpha_3-\dot{\alpha}_3\cos\alpha_2\cos\alpha_3\\ -\dot{\alpha}_1\cos\alpha_1\sin\alpha_2\sin\alpha_3-\dot{\alpha}_2\sin\alpha_1\cos\alpha_2\sin\alpha_3-\dot{\alpha}_3\sin\alpha_1\sin\alpha_2\cos\alpha_3-\dot{\alpha}_1\sin\alpha_1\cos\alpha_3-\dot{\alpha}_3\cos\alpha_1\sin\alpha_3\\ -\dot{\alpha}_1\sin\alpha_1\sin\alpha_2\sin\alpha_3+\dot{\alpha}_2\cos\alpha_1\cos\alpha_2\sin\alpha_3+\dot{\alpha}_3\cos\alpha_1\sin\alpha_2\cos\alpha_3+\dot{\alpha}_1\cos\alpha_1\cos\alpha_3-\dot{\alpha}_3\sin\alpha_1\sin\alpha_3\end{bmatrix}=\begin{bmatrix}\dot{d}_{12}\\ \dot{d}_{22}\\ \dot{d}_{32}\end{bmatrix} \tag{A.18}$$

$$\dot{\boldsymbol{D}}_3=\begin{bmatrix}\dot{\alpha}_2\cos\alpha_2\\ -\dot{\alpha}_1\cos\alpha_1\cos\alpha_2+\dot{\alpha}_2\sin\alpha_1\sin\alpha_2\\ -\dot{\alpha}_1\sin\alpha_1\cos\alpha_2-\dot{\alpha}_2\cos\alpha_1\sin\alpha_2\end{bmatrix}=\begin{bmatrix}\dot{d}_{13}\\ \dot{d}_{23}\\ \dot{d}_{33}\end{bmatrix} \tag{A.19}$$

则有

$$\hat{\omega}_x = \dot{d}_{31}d_{21} + \dot{d}_{32}d_{22} + \dot{d}_{33}d_{23} = \dot{\alpha}_1 + \dot{\alpha}_3\sin\alpha_2 \tag{A.20}$$

$$\hat{\omega}_y = \dot{d}_{11}d_{31} + \dot{d}_{12}d_{32} + \dot{d}_{13}d_{33} = \dot{\alpha}_2\cos\alpha_1 - \dot{\alpha}_3\sin\alpha_1\cos\alpha_2 \tag{A.21}$$

$$\hat{\omega}_z = \dot{d}_{21}d_{11} + \dot{d}_{22}d_{12} + \dot{d}_{23}d_{13} = \dot{\alpha}_2\sin\alpha_1 + \dot{\alpha}_3\cos\alpha_1\cos\alpha_2 \tag{A.22}$$

故

$$\dot{\boldsymbol{D}}\boldsymbol{D}^{\mathrm{T}}\boldsymbol{R} = \hat{\boldsymbol{\omega}} \times \boldsymbol{R} \tag{A.23}$$

A.3 $\dot{\boldsymbol{D}}^{\mathrm{T}}\boldsymbol{D}\boldsymbol{r} = -\boldsymbol{\omega}\times\boldsymbol{r}$（$\boldsymbol{r}$ 为 $Oxyz$ 坐标系中的矢量）

令

$$\boldsymbol{E} = \boldsymbol{D}^{\mathrm{T}} \tag{A.24}$$

则

$$\boldsymbol{E} = \begin{bmatrix} \cos\alpha_2\cos\alpha_3 & \sin\alpha_1\sin\alpha_2\cos\alpha_3 + \cos\alpha_1\sin\alpha_3 & -\cos\alpha_1\sin\alpha_2\cos\alpha_3 + \sin\alpha_1\sin\alpha_3 \\ -\cos\alpha_2\sin\alpha_3 & -\sin\alpha_1\sin\alpha_2\sin\alpha_3 + \cos\alpha_1\cos\alpha_3 & \cos\alpha_1\sin\alpha_2\sin\alpha_3 + \sin\alpha_1\cos\alpha_3 \\ \sin\alpha_2 & -\sin\alpha_1\cos\alpha_2 & \cos\alpha_1\cos\alpha_2 \end{bmatrix} \tag{A.25}$$

$\boldsymbol{E}$ 为正交矩阵，

$$\boldsymbol{E}\boldsymbol{E}^{\mathrm{T}} = \boldsymbol{I} \tag{A.26}$$

将式（$A.26$）两边对时间求导，得

$$\frac{\mathrm{d}}{\mathrm{d}t}(\boldsymbol{E}\boldsymbol{E}^{\mathrm{T}}) = \dot{\boldsymbol{E}}\boldsymbol{E}^{\mathrm{T}} + \boldsymbol{E}\dot{\boldsymbol{E}}^{\mathrm{T}} = \dot{\boldsymbol{E}}\boldsymbol{E}^{\mathrm{T}} + (\dot{\boldsymbol{E}}\boldsymbol{E}^{\mathrm{T}})^{\mathrm{T}} = 0 \tag{A.27}$$

即

$$\dot{\boldsymbol{E}}\boldsymbol{E}^{\mathrm{T}} = -(\dot{\boldsymbol{E}}\boldsymbol{E}^{\mathrm{T}})^{\mathrm{T}} \tag{A.28}$$

可见 $\dot{\boldsymbol{E}}\boldsymbol{E}^{\mathrm{T}}$ 为反对称矩阵，将 $\dot{\boldsymbol{E}}\boldsymbol{E}^{\mathrm{T}}$ 写为如下形式，

$$\dot{\boldsymbol{E}}\boldsymbol{E}^{\mathrm{T}} = -\begin{bmatrix} 0 & -\omega_z & \omega_y \\ \omega_z & 0 & -\omega_x \\ -\omega_y & \omega_x & 0 \end{bmatrix} \tag{A.29}$$

令 $\dot{\boldsymbol{E}} = [\dot{\boldsymbol{E}}_1, \dot{\boldsymbol{E}}_2, \dot{\boldsymbol{E}}_3]$，其中

$$\dot{\boldsymbol{E}}_1 = \begin{bmatrix} -\dot{\alpha}_2\sin\alpha_2\cos\alpha_3 - \dot{\alpha}_3\cos\alpha_2\sin\alpha_3 \\ \dot{\alpha}_2\sin\alpha_2\sin\alpha_3 - \dot{\alpha}_3\cos\alpha_2\cos\alpha_3 \\ \dot{\alpha}_2\cos\alpha_2 \end{bmatrix} = \begin{bmatrix} \dot{e}_{11} \\ \dot{e}_{21} \\ \dot{e}_{31} \end{bmatrix} \tag{A.30}$$

$$\dot{\boldsymbol{E}}_2 = \begin{bmatrix} \dot{\alpha}_1\cos\alpha_1\sin\alpha_2\cos\alpha_3 + \dot{\alpha}_2\sin\alpha_1\cos\alpha_2\cos\alpha_3 - \dot{\alpha}_3\sin\alpha_1\sin\alpha_2\sin\alpha_3 - \dot{\alpha}_1\sin\alpha_1\sin\alpha_3 + \dot{\alpha}_3\cos\alpha_1\cos\alpha_3 \\ -\dot{\alpha}_1\cos\alpha_1\sin\alpha_2\sin\alpha_3 - \dot{\alpha}_2\sin\alpha_1\cos\alpha_2\sin\alpha_3 - \dot{\alpha}_3\sin\alpha_1\sin\alpha_2\cos\alpha_3 - \dot{\alpha}_1\sin\alpha_1\cos\alpha_3 - \dot{\alpha}_3\cos\alpha_1\sin\alpha_3 \\ -\dot{\alpha}_1\cos\alpha_1\cos\alpha_2 + \dot{\alpha}_2\sin\alpha_1\sin\alpha_2 \end{bmatrix} = \begin{bmatrix} \dot{e}_{12} \\ \dot{e}_{22} \\ \dot{e}_{32} \end{bmatrix} \tag{A.31}$$

$$\dot{\boldsymbol{E}}_3 = \begin{bmatrix} \dot{\alpha}_1\sin\alpha_1\sin\alpha_2\cos\alpha_3 - \dot{\alpha}_2\cos\alpha_1\cos\alpha_2\cos\alpha_3 + \dot{\alpha}_3\cos\alpha_1\sin\alpha_2\sin\alpha_3 + \dot{\alpha}_1\cos\alpha_1\sin\alpha_3 + \dot{\alpha}_3\sin\alpha_1\cos\alpha_3 \\ -\dot{\alpha}_1\sin\alpha_1\sin\alpha_2\sin\alpha_3 + \dot{\alpha}_2\cos\alpha_1\cos\alpha_2\sin\alpha_3 + \dot{\alpha}_3\cos\alpha_1\sin\alpha_2\cos\alpha_3 + \dot{\alpha}_1\cos\alpha_1\cos\alpha_3 - \dot{\alpha}_3\sin\alpha_1\sin\alpha_3 \\ -\dot{\alpha}_1\sin\alpha_1\cos\alpha_2 - \dot{\alpha}_2\cos\alpha_1\sin\alpha_2 \end{bmatrix} = \begin{bmatrix} \dot{e}_{13} \\ \dot{e}_{23} \\ \dot{e}_{33} \end{bmatrix} \tag{A.32}$$

则有

$$\omega_x = -(\dot{e}_{31}e_{21} + \dot{e}_{32}e_{22} + \dot{e}_{33}e_{23}) = \dot{\alpha}_1\cos\alpha_2\cos\alpha_3 + \dot{\alpha}_2\sin\alpha_3 \tag{A.33}$$

$$\omega_y = -(\dot{e}_{11}e_{31} + \dot{e}_{12}e_{32} + \dot{e}_{13}e_{33}) = -\dot{\alpha}_1\cos\alpha_2\sin\alpha_3 + \dot{\alpha}_2\cos\alpha_3 \tag{A.34}$$

$$\omega_z = -(\dot{e}_{21}e_{11} + \dot{e}_{22}e_{12} + \dot{e}_{23}e_{13}) = \dot{\alpha}_1\sin\alpha_2 + \dot{\alpha}_3 \tag{A.35}$$

故

$$\dot{\boldsymbol{D}}^{\mathrm{T}}\boldsymbol{D}\boldsymbol{r} = -\boldsymbol{\omega}\times\boldsymbol{r} \tag{A.36}$$

A.4　包含 $\boldsymbol{D}$ 的矢积和点积

$\boldsymbol{R}_1$ 和 $\boldsymbol{R}_2$ 为 $\hat{O}\hat{x}\hat{y}\hat{z}$ 坐标系中的矢量,则

$$\boldsymbol{D}(\boldsymbol{R}_1\times\boldsymbol{R}_2) = \boldsymbol{D}\boldsymbol{R}_1\times\boldsymbol{D}\boldsymbol{R}_2 \tag{A.37}$$

$$\boldsymbol{D}\boldsymbol{R}_1\cdot\boldsymbol{D}\boldsymbol{R}_2 = \boldsymbol{R}_1\cdot\boldsymbol{R}_2 \tag{A.38}$$

这两式可以用 Maple 软件验证。

附录 B　二阶波浪力(矩)中包含的一些积分的计算

$$-\rho\iint_{S_B}(\boldsymbol{\alpha}^{(1)}\times\boldsymbol{n})\left[\dot{\Phi}^{(1)}(\boldsymbol{X})+g\left(\xi_3^{(1)}+\alpha_1^{(1)}y-\alpha_2^{(1)}x\right)\right]\mathrm{d}S=\boldsymbol{\alpha}^{(1)}\times\boldsymbol{F}^{(1)}+\rho g\boldsymbol{\alpha}^{(1)}\times\iint_{S_B}(\boldsymbol{\alpha}^{(1)}\times\boldsymbol{n})z\mathrm{d}S=\boldsymbol{\alpha}^{(1)}\times\boldsymbol{F}^{(1)}+\rho gV\left\{-\alpha_1^{(1)}\alpha_3^{(1)}\boldsymbol{i}-\alpha_2^{(1)}\alpha_3^{(1)}\boldsymbol{j}+\left[\left(\alpha_1^{(1)}\right)^2+\left(\alpha_2^{(1)}\right)^2\right]\boldsymbol{k}\right\}\tag{B.1}$$

$$\rho g\iint_{S_B}z\boldsymbol{H}\boldsymbol{n}\mathrm{d}S-\rho g\iint_{S_B}(\boldsymbol{HX}\cdot\boldsymbol{k})\boldsymbol{n}\mathrm{d}S=\rho gV\alpha_1^{(1)}\alpha_3^{(1)}\boldsymbol{i}+\rho gV\alpha_2^{(1)}\alpha_3^{(1)}\boldsymbol{j}-\rho g\left[A_{WP}\alpha_1^{(1)}\alpha_3^{(1)}x_{\mathrm{F}}+A_{\mathrm{WP}}\alpha_2^{(1)}\alpha_3^{(1)}y_{\mathrm{F}}+V(\alpha_1^{(1)})^2+V(\alpha_2^{(1)})^2\right]\boldsymbol{k}\tag{B.2}$$

$$-\rho\iint_{S_{\mathrm{B}}}(\boldsymbol{\xi}^{(1)}\times\boldsymbol{n})\left[\dot{\Phi}^{(1)}(\boldsymbol{X})+g\left(\xi_3^{(1)}+\alpha_1^{(1)}y-\alpha_2^{(1)}x\right)\right]\mathrm{d}S=\boldsymbol{\xi}^{(1)}\times\boldsymbol{F}^{(1)}+\rho g\iint_{S_{\mathrm{B}}}\boldsymbol{\xi}^{(1)}\times(\boldsymbol{\alpha}^{(1)}\times\boldsymbol{n})z\mathrm{d}S\tag{B.3}$$

$$-\rho\iint_{S_{\mathrm{B}}}\boldsymbol{\alpha}^{(1)}\times(\boldsymbol{X}\times\boldsymbol{n})\left[\dot{\Phi}^{(1)}(\boldsymbol{X})+g\left(\xi_3^{(1)}+\alpha_1^{(1)}y-\alpha_2^{(1)}x\right)\right]\mathrm{d}S=\boldsymbol{\alpha}^{(1)}\times\boldsymbol{M}^{(1)}+\rho g\boldsymbol{\alpha}^{(1)}\times\left\{\iint_{S_{\mathrm{B}}}(\boldsymbol{\xi}^{(1)}\times\boldsymbol{n})z\mathrm{d}S+\iint_{S_{\mathrm{B}}}[\boldsymbol{\alpha}^{(1)}\times(\boldsymbol{X}\times\boldsymbol{n})]z\mathrm{d}S\right\}=\boldsymbol{\alpha}^{(1)}\times\boldsymbol{M}^{(1)}-\rho gV\boldsymbol{\alpha}^{(1)}\times(\boldsymbol{\xi}^{(1)}\times\boldsymbol{k})-\rho gV\boldsymbol{\alpha}^{(1)}\times[\boldsymbol{\alpha}^{(1)}\times(y_{\mathrm{B}}\boldsymbol{i}-x_{\mathrm{B}}\boldsymbol{j})]\tag{B.4}$$

$$-\rho gV\boldsymbol{\alpha}^{(1)}\times(\boldsymbol{\xi}^{(1)}\times\boldsymbol{k})-\rho gV\boldsymbol{\alpha}^{(1)}\times\left[\boldsymbol{\alpha}^{(1)}\times(y_b\boldsymbol{i}-x_b\boldsymbol{j})\right]-\rho g\iint_{S_{\mathrm{B}}}(\boldsymbol{HX}\cdot\boldsymbol{k})(\boldsymbol{X}\times\boldsymbol{n})\mathrm{d}S-\rho g\iint_{S_{\mathrm{B}}}z\boldsymbol{H}(\boldsymbol{X}\times\boldsymbol{n})\mathrm{d}S=\rho g\left\{-\alpha_3^{(1)}\xi_1^{(1)}V+\alpha_1^{(1)}\alpha_2^{(1)}x_{\mathrm{B}}V-\alpha_2^{(1)}\alpha_3^{(1)}z_{\mathrm{B}}V-\alpha_1^{(1)}\alpha_3^{(1)}L_{12}-\alpha_2^{(1)}\alpha_3^{(1)}L_{22}-\frac{1}{2}\left[\left(\alpha_1^{(1)}\right)^2-\left(\alpha_3^{(1)}\right)^2\right]y_{\mathrm{B}}V\right\}\boldsymbol{i}+\rho g\left\{-\alpha_3^{(1)}\xi_2^{(1)}V+\alpha_1^{(1)}\alpha_3^{(1)}z_{\mathrm{B}}V+\alpha_1^{(1)}\alpha_3^{(1)}L_{11}+\alpha_2^{(1)}\alpha_3^{(1)}L_{12}+\frac{1}{2}\left[\left(\alpha_1^{(1)}\right)^2-\left(\alpha_3^{(1)}\right)^2\right]x_{\mathrm{B}}V\right\}\boldsymbol{j}+\rho gV\left(\alpha_1^{(1)}\xi_1^{(1)}+\alpha_2^{(1)}\xi_2^{(1)}+\alpha_2^{(1)}\alpha_3^{(1)}x_{\mathrm{B}}-\alpha_1^{(1)}\alpha_3^{(1)}y_{\mathrm{B}}\right)\boldsymbol{k}\tag{B.5}$$

附录 C　力$\hat{\boldsymbol{F}}$和力矩$\hat{\boldsymbol{M}}_G$的展开

精确到二阶,力$\hat{\boldsymbol{F}}$包含一阶波浪力 $\boldsymbol{F}^{(1)}$ 和二阶波浪力 $\boldsymbol{F}^{(2)}$,

$$\hat{\boldsymbol{F}} = \boldsymbol{F}^{(1)} + \boldsymbol{F}^{(2)} + O(\varepsilon^3) \tag{C.1}$$

$\hat{O}\hat{x}\hat{y}\hat{z}$坐标系中关于原点$\hat{O}$的力矩 $\hat{\boldsymbol{M}}_{\hat{0}}$中包含一阶波浪力矩 $\boldsymbol{M}^{(1)}$、二阶波浪力矩 $\boldsymbol{M}^{(2)}$、一阶重力矩 $\boldsymbol{M}_B^{(1)}$ 和二阶重力矩 $M_B^{(2)}$,

$$\hat{\boldsymbol{M}}_{\hat{0}} = \boldsymbol{M}^{(1)} + \boldsymbol{M}^{(2)} + \boldsymbol{M}_B^{(1)} + M_B^{(2)} + O(\varepsilon^3) \tag{C.2}$$

其中

$$\boldsymbol{M}_B^{(1)} = (\boldsymbol{\xi}^{(1)} + \boldsymbol{\alpha}^{(1)} \times \boldsymbol{X}_G) \times (-m g \boldsymbol{k}) \tag{C.3}$$

$$\boldsymbol{M}_B^{(2)} = (\boldsymbol{H}\boldsymbol{X}_G + \boldsymbol{\xi}^{(2)} + \boldsymbol{\alpha}^{(2)} \times \boldsymbol{X}_G) \times (-m g \boldsymbol{k}) \tag{C.4}$$

故

$$\begin{aligned}\boldsymbol{D}^{\mathrm{T}}\hat{\boldsymbol{M}}_G = {} & \boldsymbol{M}^{(1)} + \boldsymbol{M}_B^{(1)} - \boldsymbol{X}_G \times \boldsymbol{F}^{(1)} + \boldsymbol{M}^{(2)} - \boldsymbol{X}_G \times \boldsymbol{F}^{(2)} - \boldsymbol{\xi}^{(1)} \times \boldsymbol{F}^{(1)} - \boldsymbol{\alpha}^{(1)} \times \boldsymbol{M}^{(1)} + \\ & \boldsymbol{X}_G \times (\boldsymbol{\alpha}^{(1)} \times \boldsymbol{F}^{(1)}) + \boldsymbol{M}_B^{(2)} - \boldsymbol{\alpha}^{(1)} \times \boldsymbol{M}_B^{(1)} + O(\varepsilon^3)\end{aligned} \tag{C.5}$$

附录 D　空间四边形面元的投影

空间四边形 W 的四个顶点 P_1、P_2、P_3、P_4 依顺时针排列，顶点 P_i 在浮体坐标系内的坐标为$(x_i,y_i,z_i)(i=1,2,3,4)$。连接两对边的中点，得到向量$\boldsymbol{T}_1$和$\boldsymbol{T}_2$，它们的分量为

$$\begin{cases} T_{1x}=\dfrac{1}{2}(x_1+x_2-x_3-x_4),T_{1y}=\dfrac{1}{2}(y_1+y_2-y_3-y_4),T_{1z}=\dfrac{1}{2}(z_1+z_2-z_3-z_4) \\ T_{2x}=\dfrac{1}{2}(x_1+x_4-x_2-x_3),T_{2y}=\dfrac{1}{2}(y_1+y_4-y_2-y_3),T_{2z}=\dfrac{1}{2}(z_1+z_4-z_2-z_3) \end{cases} \tag{D.1}$$

一般来说这两个向量不是正交的。引入向量$\boldsymbol{N}$作为$\boldsymbol{T}_1$和$\boldsymbol{T}_2$的差乘积，即$\boldsymbol{N}=\boldsymbol{T}_1\times\boldsymbol{T}_2$，于是

$$\begin{cases} N_x=T_{1y}T_{2z}-T_{1z}T_{2y} \\ N_y=T_{1z}T_{2x}-T_{1x}T_{2z} \\ N_z=T_{1x}T_{2y}-T_{1y}T_{2x} \end{cases} \tag{D.2}$$

取$\boldsymbol{N}$的单位向量作为投影平面的法线向量$\boldsymbol{n}$

$$\begin{cases} n_x=N_x/|N| \\ n_y=N_y/|N| \\ n_z=N_z/|N| \end{cases} \tag{D.3}$$

其中

$$|\boldsymbol{N}|=\sqrt{N_x^2+N_y^2+N_z^2} \tag{D.4}$$

取四个顶点的平均坐标点 P_0，它的坐标为四个顶点坐标的平均值，即

$$\begin{cases} x_0=\dfrac{1}{4}(x_1+x_2+x_3+x_4) \\ y_0=\dfrac{1}{4}(y_1+y_2+y_3+y_4) \\ z_0=\dfrac{1}{4}(z_1+z_2+z_3+z_4) \end{cases} \tag{D.5}$$

可以确定一个以$\boldsymbol{n}$为法向矢量，通过点 $P_0(x_0,y_0,z_0)$的平面，称该平面为 π 平面，将空间四边形的 4 个顶点投影到 π 平面上，它们的对应投影点为 $V_i(i=1,2,3,4)$，四个点 $V_i(i=1,2,3,4)$形成平面四边形面元 Q。

可以证明，空间四边形 W 的四个顶点到 π 平面的距离之和最小，用 π 平面代替空间四边形 W，产生的误差是最小的[43]。

在计算平面四边形的均匀源强和偶极积分时，需要使用面元坐标系。面元坐标系的原点暂取为点 $P_0(x_0,y_0,z_0)$。取单位法向量$\boldsymbol{n}$作为一个坐标向量；另两个位于面元内，其一取为$\boldsymbol{T}_1$的单位向量$\boldsymbol{t}_1$方向，

$$\begin{cases} t_{1x} = T_{1x}/|T_1| \\ t_{1y} = T_{1y}/|T_1| \\ t_{1z} = T_{1z}/|T_1| \end{cases} \tag{D.6}$$

其中

$$|T_1| = \sqrt{T_{1x}^2 + T_{1y}^2 + T_{1z}^2} \tag{D.7}$$

而最后一个坐标向量$\boldsymbol{t}_2$,可由$\boldsymbol{n}$和$\boldsymbol{t}_1$的叉乘得到,$\boldsymbol{t}_2 = \boldsymbol{n} \times \boldsymbol{t}_1$,即

$$\begin{cases} t_{2x} = n_y t_{1z} - n_z t_{1y} \\ t_{2y} = n_z t_{1x} - n_x t_{1z} \\ t_{2z} = n_x t_{1y} - n_y t_{1x} \end{cases} \tag{D.8}$$

至此,面元坐标系已经建立,ξ 轴平行于$\boldsymbol{t}_1$的方向,η 轴平行于$\boldsymbol{t}_2$方向,ζ 轴平行于$\boldsymbol{n}$的方向。

若将浮体坐标系内点的坐标转换到面元坐标系内,需要一个坐标转换矩阵,它的元素是三个基本单位向量$\boldsymbol{t}_1$、$\boldsymbol{t}_2$、$\boldsymbol{n}$的分量,

$$\begin{cases} a_{11} = t_{1x}, a_{12} = t_{1y}, a_{13} = t_{1z} \\ a_{21} = t_{2x}, a_{22} = t_{2y}, a_{23} = t_{2z} \\ a_{31} = n_x, a_{32} = n_y, a_{33} = n_z \end{cases} \tag{D.9}$$

点 $V_i(i=1,2,3,4)$的在面元坐标系内的坐标为$(\xi_i', \eta_i', 0)(i=1,2,3,4)$,

$$\begin{cases} \xi_i' = a_{11}(x_i - x_0) + a_{12}(y_i - y_0) + a_{13}(z_i - z_0) \\ \eta_i' = a_{21}(x_i - x_0) + a_{22}(y_i - y_0) + a_{23}(z_i - z_0) \end{cases} \tag{D.10}$$

由于ξ 轴是连接两对边中点形成的,所以 $\eta_1' = -\eta_2', \eta_3' = -\eta_4', \xi_1' + \xi_2' = -\xi_3' - \xi_4'$。平面四边形面元 Q 的面积为

$$S = \iint_Q \mathrm{d}\xi \mathrm{d}\eta = (\xi_1' + \xi_2')(\eta_1' + \eta_4') \tag{D.11}$$

平面四边形面元 Q 的形心 C 点坐标为

$$\xi_c = \frac{1}{6} \frac{(\xi_3' - \xi_1')(\xi_2'\eta_4' + \xi_4'\eta_1') + (\xi_4' - \xi_2')(\xi_1'\eta_4' + \xi_3'\eta_1')}{(\xi_1' + \xi_2')(\eta_1' + \eta_4')} \tag{D.12}$$

$$\eta_c = \frac{1}{6} \frac{\eta_1'(\xi_3' - \xi_4') + \eta_4'(\xi_1' - \xi_2')}{\xi_1' + \xi_2'} \tag{D.13}$$

形心 C 在浮体坐标系内的坐标为

$$\begin{cases} \bar{x} = x_0 + a_{11}\xi_c + a_{21}\eta_c \\ \bar{y} = y_0 + a_{12}\xi_c + a_{22}\eta_c \\ \bar{z} = z_0 + a_{13}\xi_c + a_{23}\eta_c \end{cases} \tag{D.14}$$

将面元坐标系的原点由点 P_0 移到形心 C,面元 Q 四个顶点在新的面元坐标系内的坐标为

$$\begin{cases} \xi_i = \xi_i' - \xi_c \\ \eta_i = \eta_i' - \eta_c \end{cases} \tag{D.15}$$

空间任意一点在浮体坐标系内的坐标为 x、y、z,在面元坐标系内的坐标为 ξ、η、ζ,则转换关

系为

$$\begin{cases}\xi = a_{11}(x-\bar{x}) + a_{12}(y-\bar{y}) + a_{13}(z-\bar{z}) \\ \eta = a_{21}(x-\bar{x}) + a_{22}(y-\bar{y}) + a_{23}(z-\bar{z}) \\ \zeta = a_{31}(x-\bar{x}) + a_{32}(y-\bar{y}) + a_{33}(z-\bar{z})\end{cases} \tag{D.16}$$

反之，

$$\begin{cases}x = \bar{x} + a_{11}\xi + a_{21}\eta + a_{31}\zeta \\ y = \bar{y} + a_{12}\xi + a_{22}\eta + a_{32}\zeta \\ z = \bar{z} + a_{13}\xi + a_{23}\eta + a_{33}\zeta\end{cases} \tag{D.17}$$

参 考 文 献

[1] 李俊峰, 张雄. 理论力学[M]. 2 版. 北京:清华大学出版社, 2010.

[2] 朱照宣. 理论力学. [M]. 北京:北京大学出版社, 1982.

[3] 戴遗山. 舰船在波浪中运动的频域与时域势流理论[M]. 北京:国防工业出版社, 1998.

[4] 刘应中,缪国平. 船舶在波浪上的运动理论[M]. 上海:上海交通大学出版社, 1987.

[5] ABRAMOWITZ M, STEGUN I A. Handbook of Mathematical Functions with Formulas, Graphs, and Mathematical Tables [M]. New York: Dover Publications, 1965.

[6] GRADSHTEYN I S, RYZHIK I M. Table of Integrals, Series, and Products[M]. 北京:世界图书出版公司, 2004.

[7] LEE C H. WAMIT Theory Manual[R]. MIT Report 95 – 2, Dept of Ocean Engineering, MIT, 1995.

[8] KIM M H, YUE D K P. The complete second – order diffraction solution for an axisymmetric body. Part 2. Bichromatic incident waves and body motions[J]. J. Fluid Mech,1990, 211: 557 – 593.

[9] WU G X. Hydrodynamic force on a rigid body during impact with liquid[J]. Journal of Fluids and Structures, 1998, 12(5): 549 – 559.

[10] TRIANTAFYLLOU M S. A consistent hydrodynamic theory for moored and positioned vessels[J]. Journal of Ship Research, 1982, 26(2): 97 – 105.

[11] OGILVIE T F. Second Order Hydrodynamic Effects on Ocean Platforms [C]. Int. Workshop on Ship and Platform Motions. University of California, 1983.

[12] HUNT J N. Direct solution of wave dispersion equation[J]. Journal of the Waterway, Port, Coastal and Ocean Division, 1979, 105(4): 457 – 459.

[13] NEWMAN J N. Numerical solutions of the water – wave dispersion relation[J]. Applied Ocean Research, 1990, 12(1): 14 – 18.

[14] 刘日明. 基于 B 样条面元法的浮体二阶水动力计算[D]. 哈尔滨:哈尔滨工程大学, 2009.

[15] HESS J L, SMITH A M O. Calculation of non-lifting potential flow about arbitrary three – dimensional bodies[J]. J. Ship Res. ,1964,8(2):22 – 44.

[16] NEWMAN J N. Distributions of sources and normal dipoles over a quadrilateral panel[J]. Journal of Engineering Mathematics, 1986, 20(2): 113 – 126.

[17] NEWMAN J N. Approximations for the Bessel and Struve functions[J]. Mathematics of Computation, 1984, 43(168): 551 – 556.

[18] NEWMAN J N. Algorithms for the free-surface Green function[J]. Journal of engineering

mathematics, 1985, 19(1): 57 -67.

[19] 王如森. 三维自由面 Green 函数及其导数(频域 - 无限水深)的数值逼近[J]. 水动力学研究与进展, 1992(3):277 -286.

[20] FOX L, PARKER I B. Chebyshev polynomials in numerical analysis[M]. Oxford:Oxford University Press,1970.

[21] MASON J C, HANDSCOMB D C. Chebyshev polynomials [M]. Boca Raton:Chapman & Hall, 2003.

[22] NEWMAN J N. The evaluation of free-surface Green functions[C]. Fourth International Conference on Numerical Ship Hydrodynamics, Washington, 1985.

[23] NEWMAN J N. The approximation of free - surface Green functions [C]. Wave Asymptotic, Proceeding of the Fritz Ursell Retirement Meeting. London: Cambridge University Press, 1990.

[24] 黄德波. 时域 Green 函数及其导数的数值计算[J]. 中国造船, 1992 (4): 16 -25.

[25] DAI Y Z. A new algorithm for the time - domain Green Function[C]. Proceedings of the 25th International Workshop on Water Waves and Floating Bodies, Harbin, China, 2010.

[26] CLÉMENT A H. A shortcut for computing time - domain free - surface potentials avoiding Green function evaluations[C]. Proc. 12th Intl. Workshop on Water Waves and Floating Bodies, 1997.

[27] CHESTER C, FRIEDMAN B, URSELL F. An extension of the method of steepest descents [J]. Proc. Cambridge Philos. Soc, 1957, 53:599 -611.

[28] CLARISSE J M, NEWMAN J N, URSELL F. Integrals with a large parameter: water waves on finite depth due to an impulse[J]. Proc. R. Soc. Lond. A, 1995, 450(1938): 67 -87.

[29] CLÉMENT A H, MAS S. Computation of the finite depth time - domain Green function in the small time range [C]. Proceedings of the Ninth International Workshop on Water Waves and Floating Bodies, Fukuoka, Japan, 1994.

[30] MAS S, CLÉMENT A H. Computation of the finite depth time - domain Green function in the large time range [C]. Proceedings of the Tenth International Workshop on Water Waves and Floating Bodies, Oxford, UK, 1995.

[31] CHEN X B, MALENICA Š. Interaction effects of local steady flow on wave diffraction radiation at low forward speed [J]. International Journal of Offshore and Polar Engineering, 1998, 8(2): 102 -109.

[32] MALENICA Š, DERBANNE Q, ZALAR M, et al. Wave-current-floating body interactions in water of finite depth [C]. Proc of the thirteenth International Offshore and Polar Engineering Conference, Honolulu, Hawai, USA, 2003.

[33] MALENCIA Š. Some aspects of water wave diffraction—Radiation at small forward speed [J]. Brodogradnja, 1997, 45(1):35 -43.

[34] CUMMINS W E. The impulse response function and ship motions[J]. Schiffstechnik, 1962, 9:101 -109.

[35] TAGHIPOUR R, PEREZ T, MOAN T. Hybrid frequency—time domain models for dynamic response analysis of marine structures[J]. Ocean Engineering, 2008, 35(7): 685 – 705.

[36] DUCLOS G, CLÉMENT A H, CHATRY G. Absorption of outgoing waves in a numerical wave tank using a self – adaptive boundary condition[J]. International Journal of Offshore and Polar Engineering,2001,3:168 – 175.

[37] SAAD Y, SCHULTZ M H. GMRES: A generalized minimal residual algorithm for solving nonsymmetric linear systems[J]. SIAM Journal on scientific and statistical computing, 1986, 7(3): 856 – 869.

[38] 蔡大用,白峰杉. 高等数值分析[M]. 北京:清华大学出版社,1997.

[39] IPSEN I C F , MEYER C D. The idea behind krylov methods[J]. Amer. Math. Monthly, 1998,105:889 – 899.

[40] YAN H, LIU Y. An efficient high – order boundary element method for nonlinear wave – wave and wave – body interactions[J]. Journal of Computational Physics, 2011, 230(2): 402 – 424.

[41] 戴愚志. 大型离岸结构的快速三维水弹性分析[D]. 哈尔滨:哈尔滨工程大学, 2003.

[42] PRESS W H, TEUKOLSKY S A, VETTERLING W T,et al. Numerical Recipes: The Art of Scientific Computing [M]. 3rd ed. New York: Cambridge University Press,2007.

[43] 王献孚,周树信,陈泽梁,等. 计算船舶流体力学[M]. 上海:上海交通大学出版社,1992.